# 优选 小别墅设计与施工图集

YOUXUAN XIAOBIESHU
SHEJI YU SHIGONG TUJI

理想·宅 编

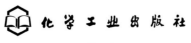

化学工业出版社

·北京·

本书以多个小别墅的效果图及施工图为基本内容，共分为两部分，四色部分展示部分案例的效果图，单色部分展示对应案例的建筑立面图、剖面图、详图及其结构施工图、给排水施工图、电气施工图等。由于篇幅有限，本书只展示部分案例及其部分施工图，完整施工图及其他案例在本书二维码中。二维码不仅包含全部展示案例的可编辑电子图，还额外增加了22套小别墅的设计图，供读者参考学习。

本书可为自建房业主提供设计思路和施工方法参考，也可供建筑设计人员参考使用。

扫码下载
案例39～案例60施工图

**图书在版编目（CIP）数据**

优选小别墅设计与施工图集 / 理想·宅编. —北京：
化学工业出版社，2020.1(2023.6重印)
ISBN 978-7-122-35404-4

Ⅰ．①优… Ⅱ．①理… Ⅲ．①别墅-建筑设计-图集
②别墅-工程施工-图集 Ⅳ．①TU241.1-64

中国版本图书馆CIP数据核字(2019)第231112号

责任编辑：邹　宁　　　　　　　　　　　　　装帧设计：韩　飞
校　对：边　涛

出版发行：化学工业出版社(北京市东城区青年湖南街13号　邮政编码100011)
印　装：河北京平诚乾印刷有限公司
889mm×1194mm　1/16　印张14　字数350千字　2023年6月北京第1版第11次印刷

购书咨询：010-64518888　　　　　　　　　售后服务：010-64518899
网　　址：http://www.cip.com.cn
凡购买本书，如有缺损质量问题，本社销售中心负责调换。

定　　价：68.00元

案例 1　P001

案例 2　P009

案例 3　P027

案例 4　P036

案例 5　P045

案例 6　P053

案例 7　P060

案例 8　P064

案例 9　P074

案例 10　P082

案例 11　P087

案例 12　P098

案例 13　P112

案例 14　P120

案例 15　P129

案例 16　P134

案例 17　P137

案例 18　P140

案例 19　P143

别墅

案例 20　P146

案例 21　P149

案例 22　P152

案例 23　P155

案例 24　P173

案例 25　P176

案例 26　P179

案例 27　P186

案例 28　P190

案例 29　P195

案例 30　P197

案例 31　P199

案例 32　P202

案例 33　P205

案例 34　P208

案例 35　P210

案例 36　P211

案例 37　P212

案例 38　P214

# 案例 **1**

本项目位于贵州省北部，为两层带架空层别墅，建筑面积248.18m²，占地面积138.60m²，建筑高度10.20m。设有架空层，一层有两个次卧、两个卫生间、两个露台、堂屋、杂物间、厨房、客厅、餐厅、烤火房、厨房；二层有两个次卧、一个卫生间、主卧、家庭室、露台、阳台。

该别墅为典型的黔北民居建筑，灰瓦屋顶，白灰墙面，坡屋顶，原木支柱和栏杆，底部有架空层，冬暖夏凉，在注重居住舒适性的同时，兼顾了艺术性与观赏性。

## 建 筑

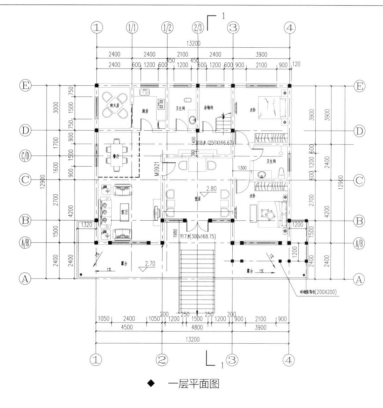

◆ 一层平面图

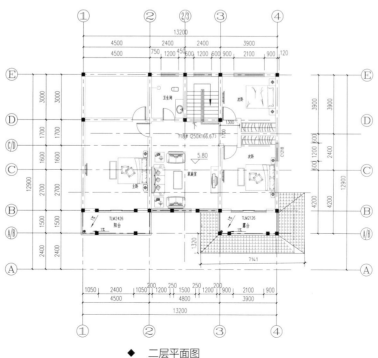

◆ 二层平面图

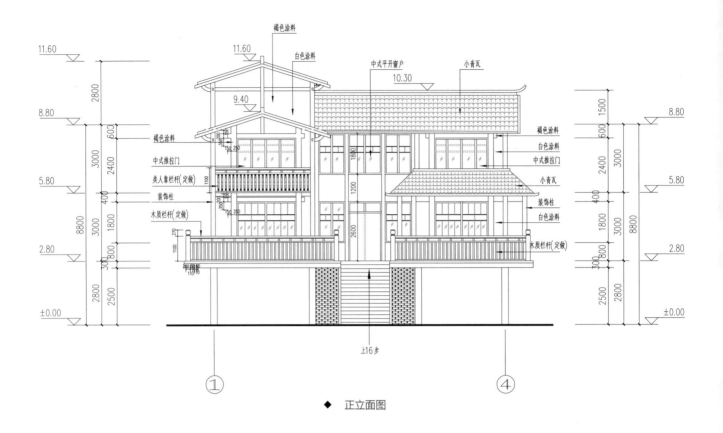

◆ 正立面图

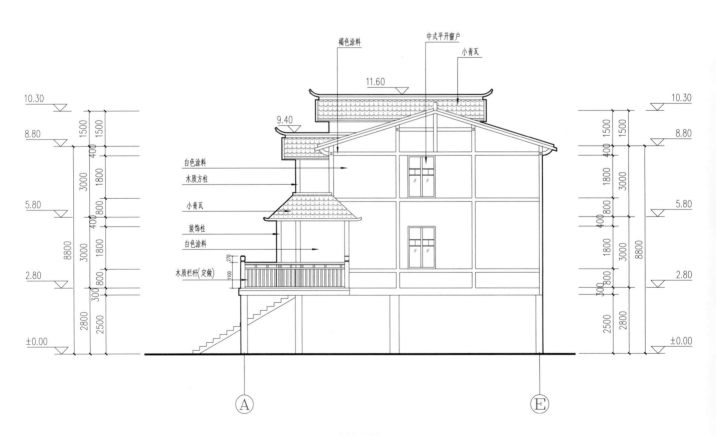

◆ 侧立面图

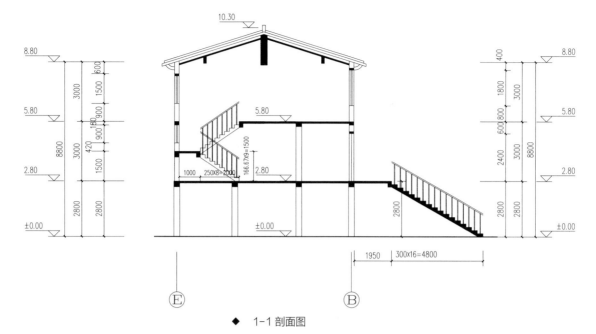

◆ 1-1 剖面图

**结 构**

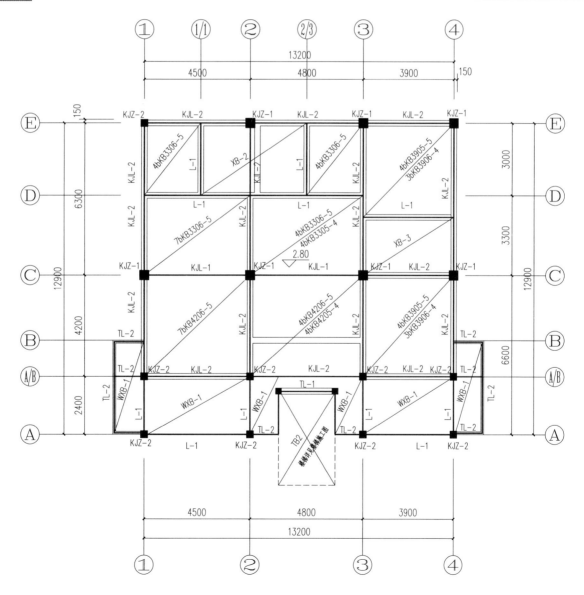

◆ 架空层结构布置图

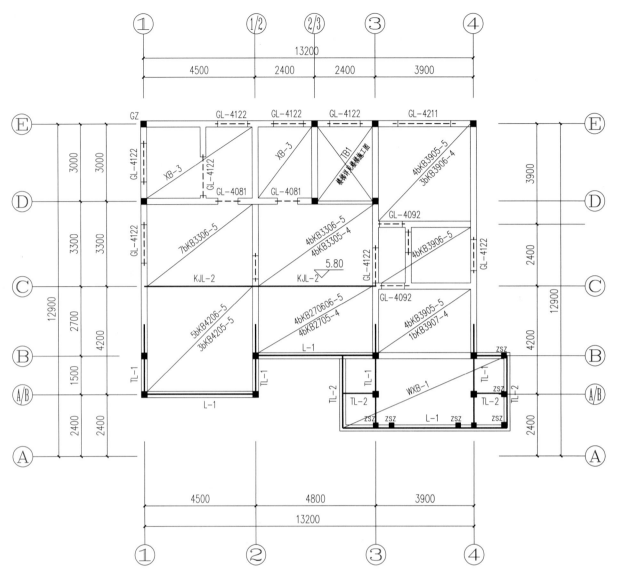

◆ 一层结构布置图

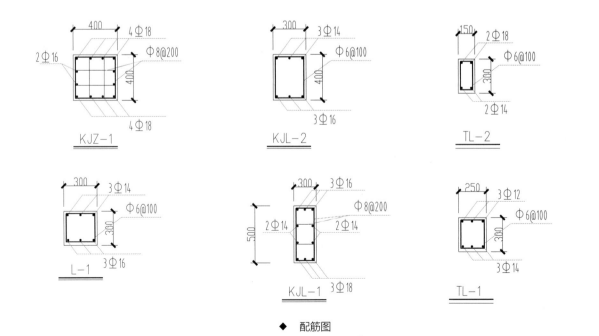

◆ 配筋图

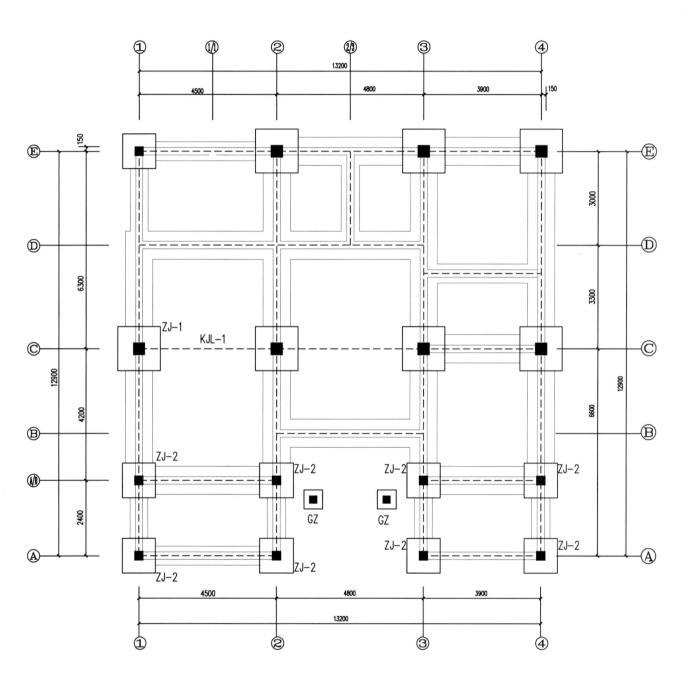

◆ 基础平面图

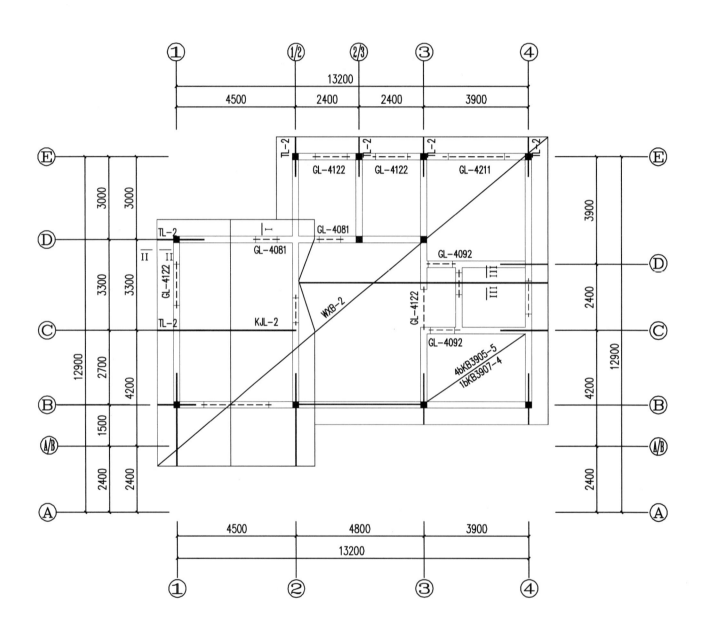

◆ 屋面结构布置图

# 给排水

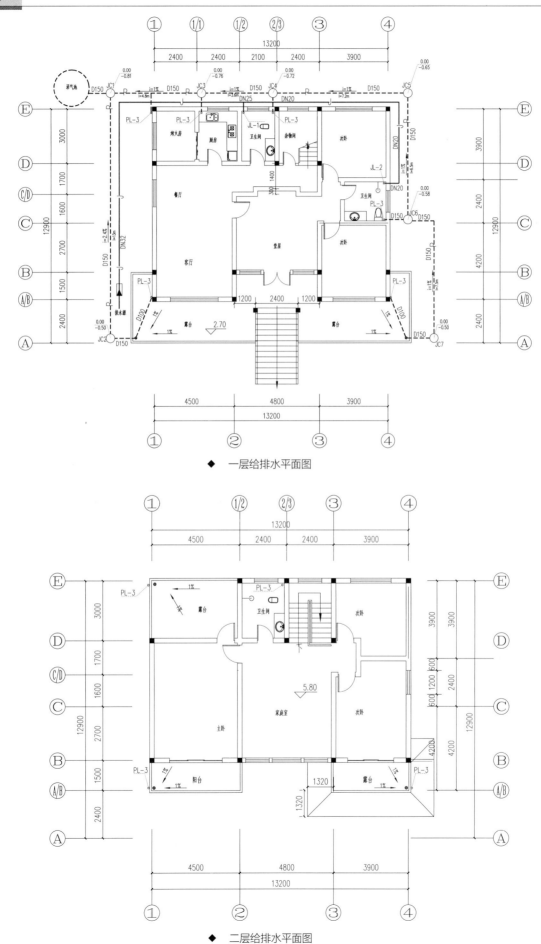

◆ 一层给排水平面图

◆ 二层给排水平面图

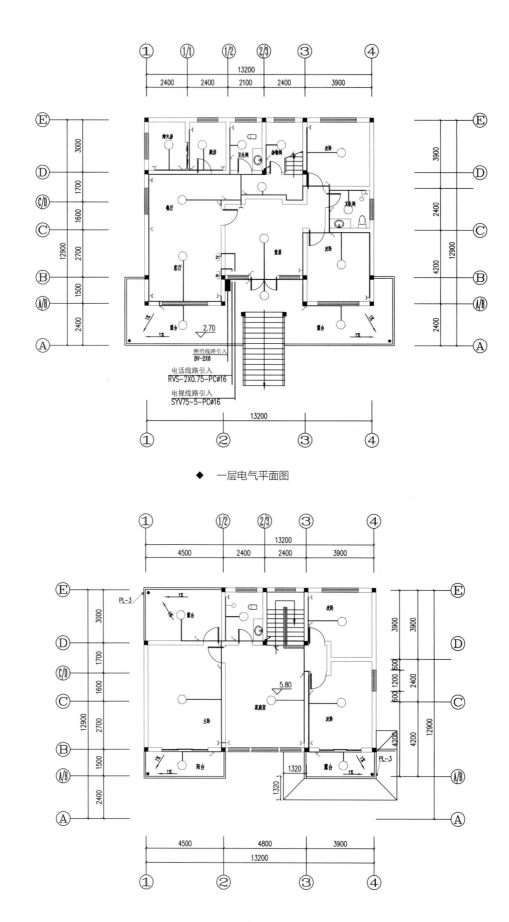

◆ 一层电气平面图

◆ 二层电气平面图

# 案例 2

本项目占地面积428.25m²，建筑高度11.85m，结构形式为框架剪力墙结构。地下一层建筑面积391.8m²，设有设备用房、游泳池、桑拿房、酒吧、储藏间、活动室、设备用房、露天活动室；一层建筑面积428.25m²，设有办公室、会客厅、中式厨房、休息室、西式厨房、活动室、餐厅、会议室；二层建筑面积310.24m²，设有办公室、会议室、门厅、过厅、平台；三层建筑面积233.88m²，设有办公室、更衣室、过厅、平台。

该别墅在元素应用上主要以红砖、灰白色贴面、灰瓦顶为主，在线脚等部分地方还使用了棕色条状饰面砖，整体精致稳重。

## 建 筑

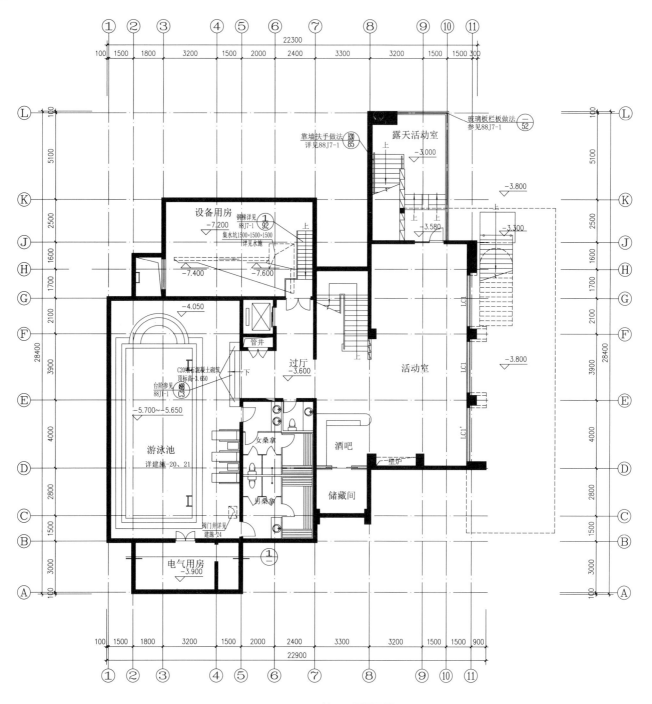

◆ 地下一层平面图

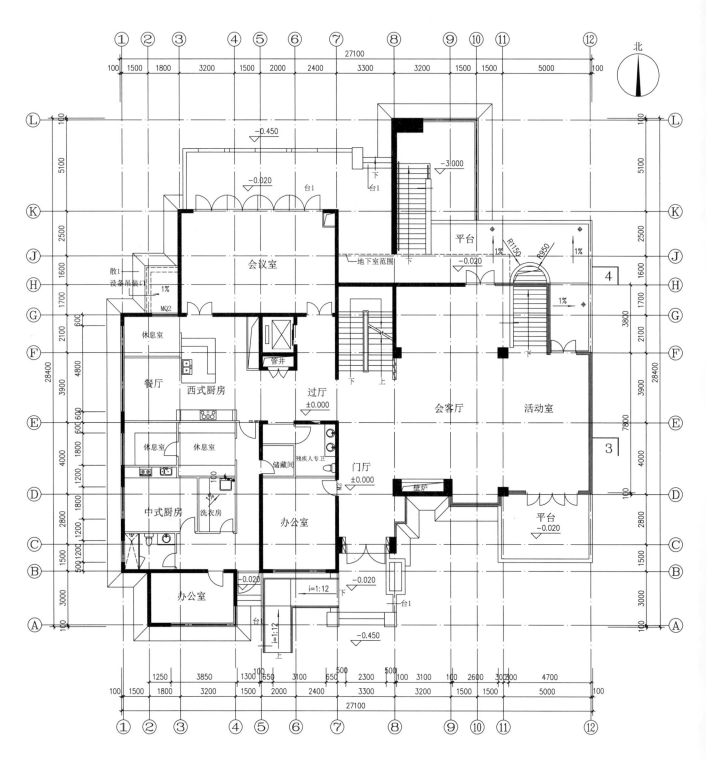

◆ 一层平面图

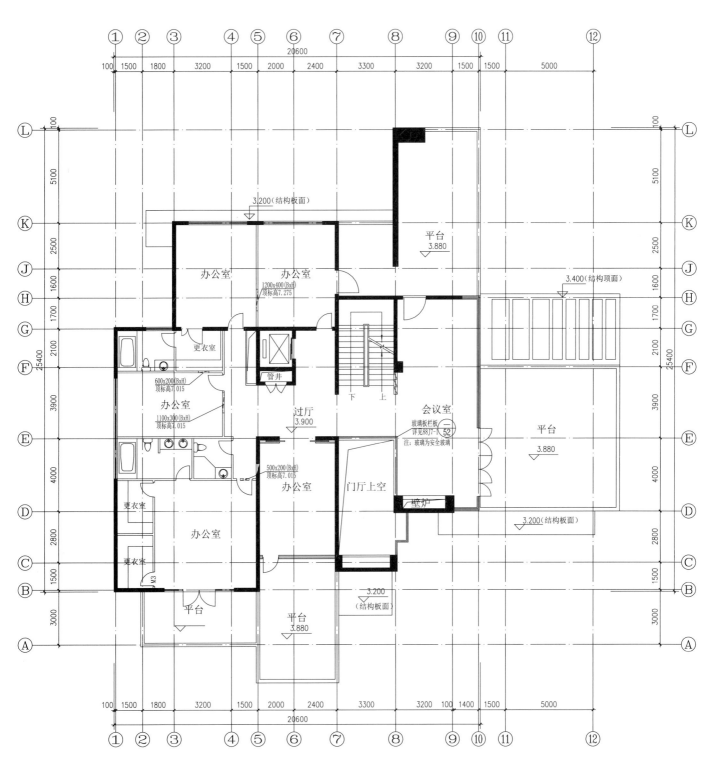

◆ 二层平面图

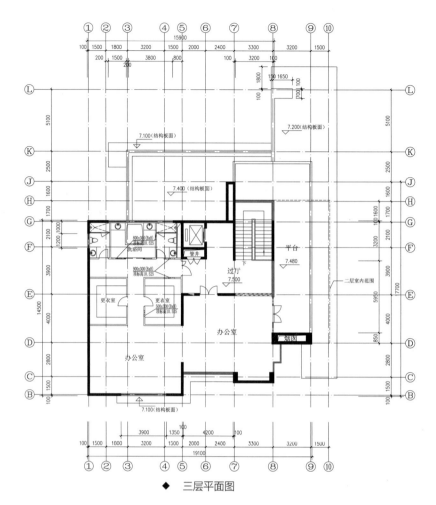

◆ 三层平面图

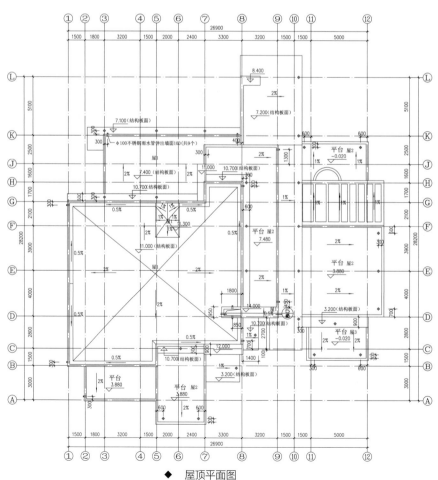

◆ 屋顶平面图

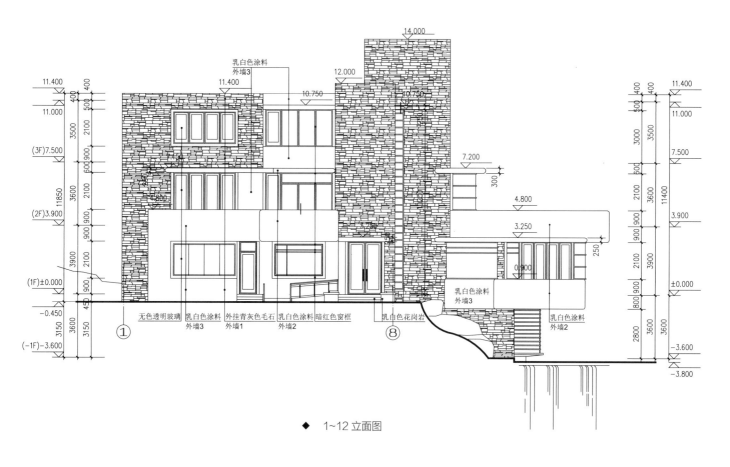

◆ 1~12 立面图

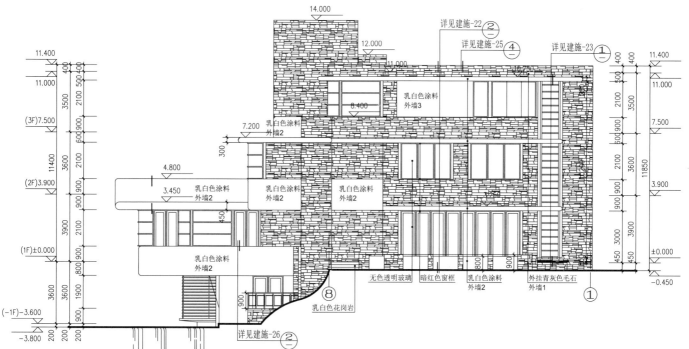

◆ 12~1 立面图

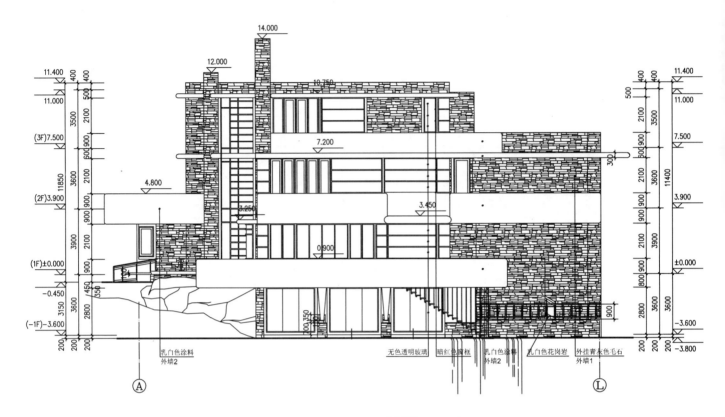

◆ A~L 立面图

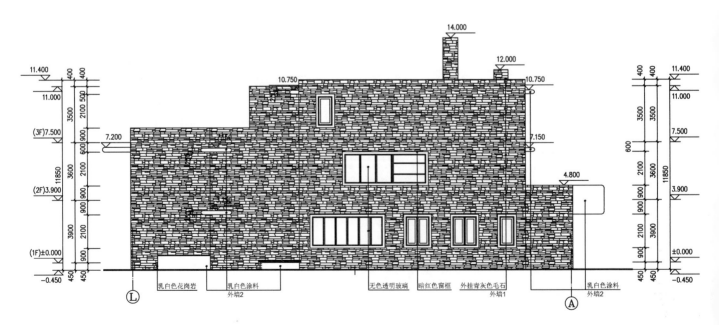

◆ L~A 立面图

# 结构

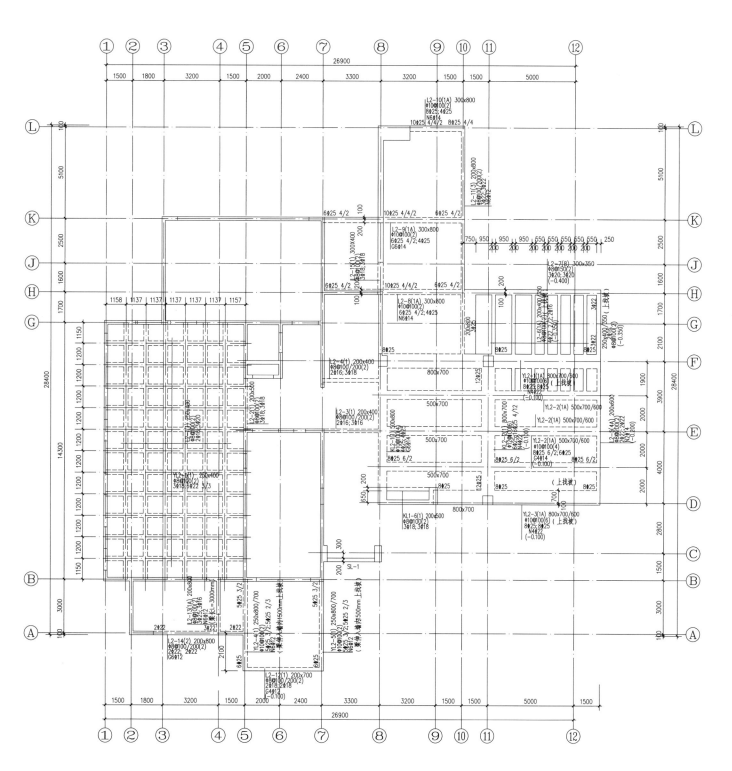

◆ 一层梁平面配筋图

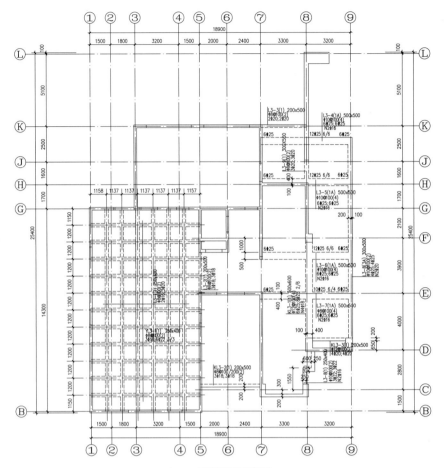

◆ 二层梁平面配筋图

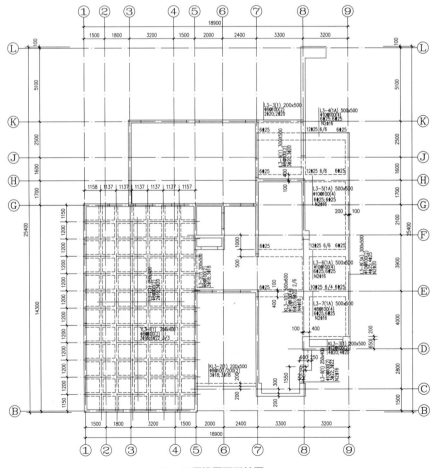

◆ 三层梁平面配筋图

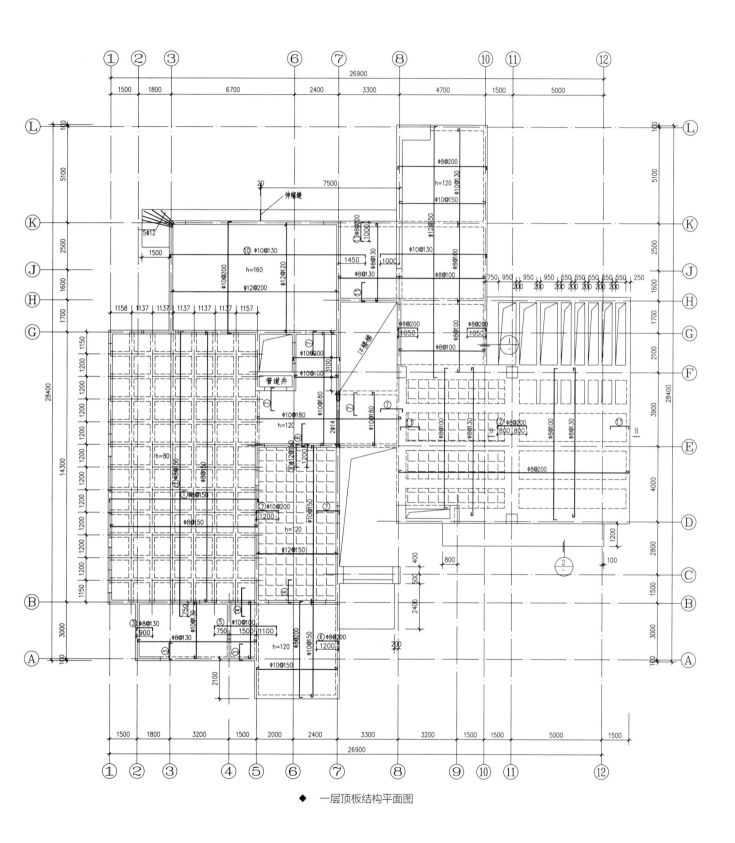

◆ 一层顶板结构平面图

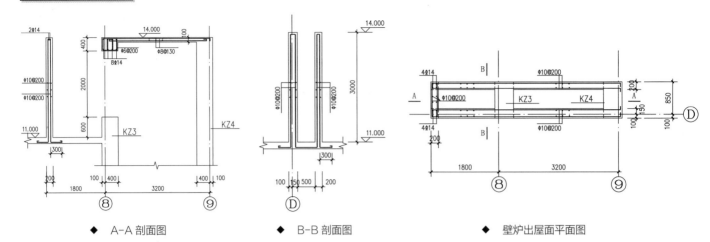

◆ A-A 剖面图      ◆ B-B 剖面图      ◆ 壁炉出屋面平面图

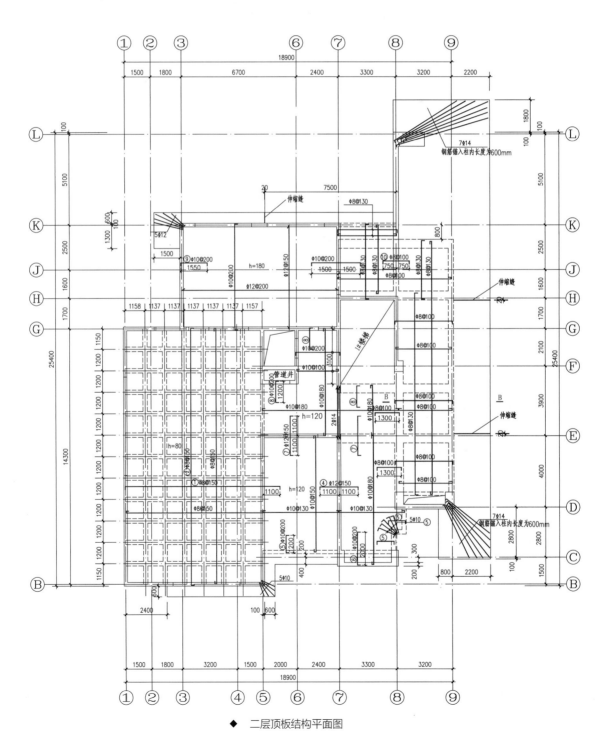

◆ 二层顶板结构平面图

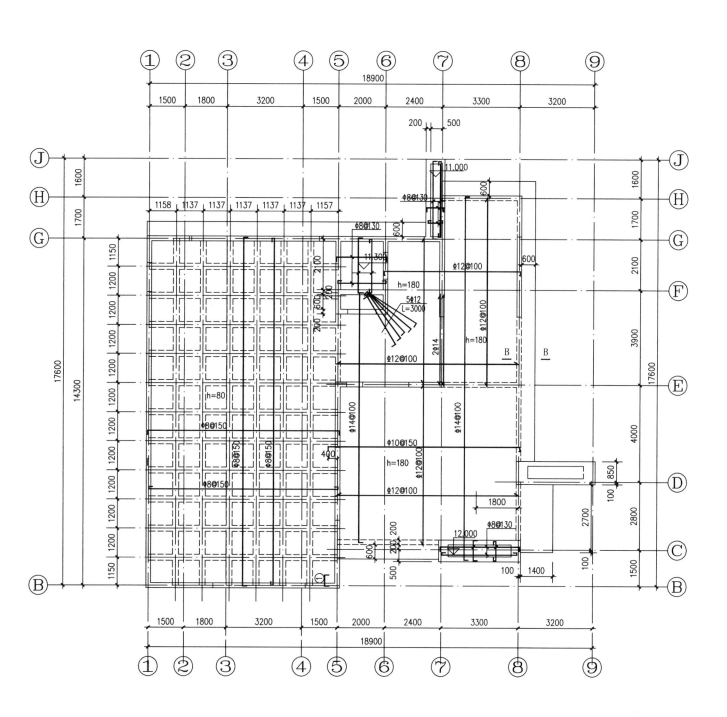

◆ 三层顶板结构平面图

# 给排水

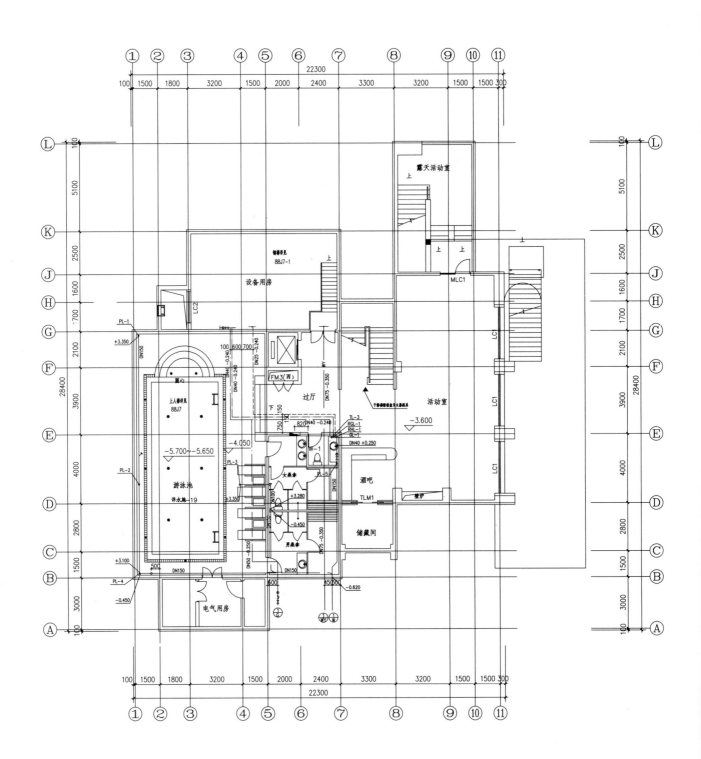

◆ 地下一层给排水平面图

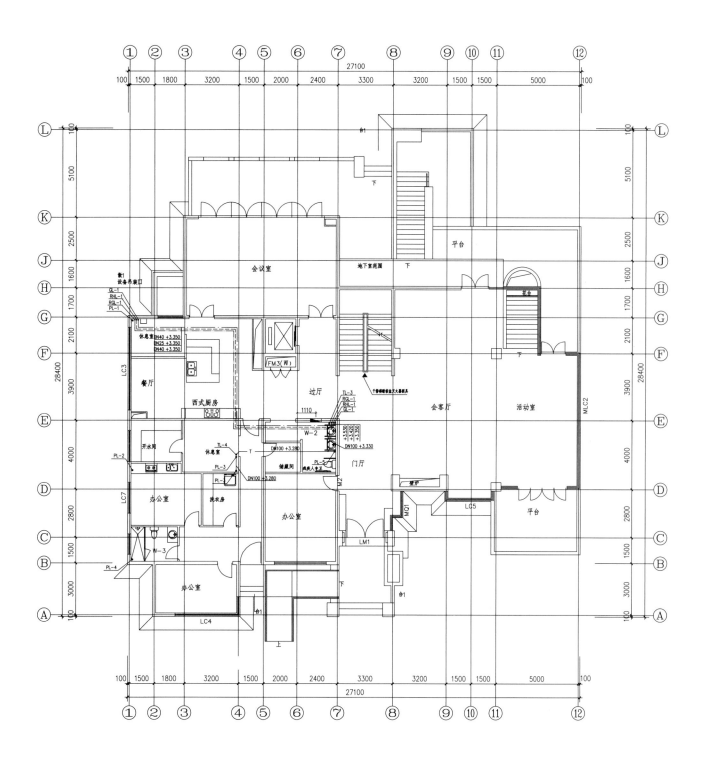

◆ 一层给排水平面图

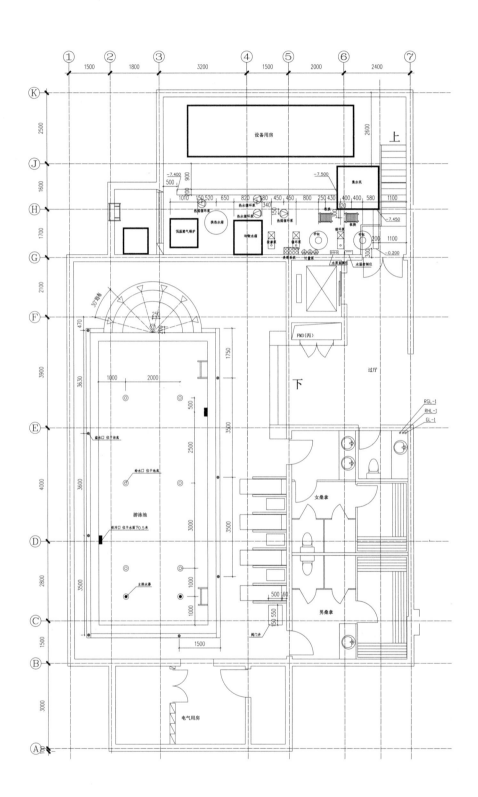

◆ 游泳池设备布置图

**电**

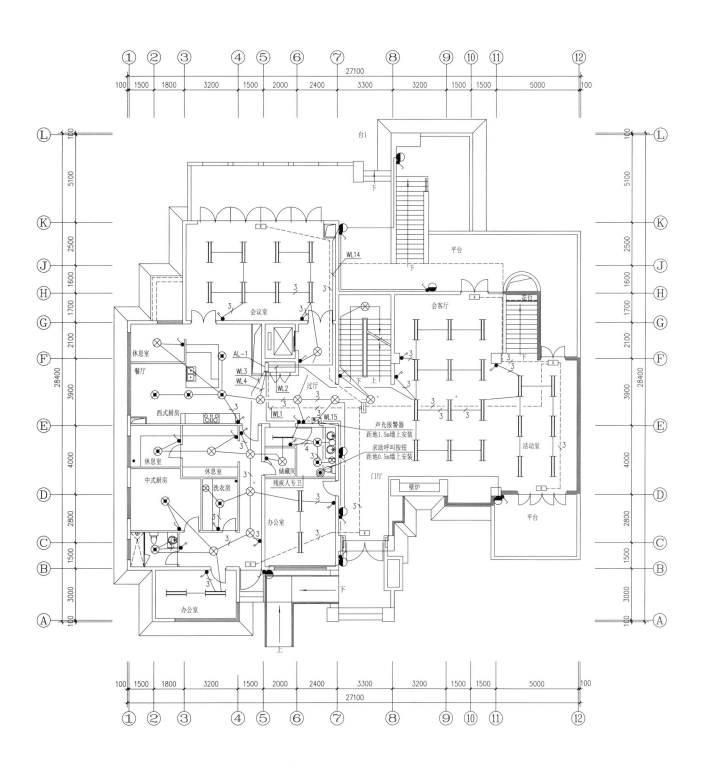

◆ 一层照明平面图

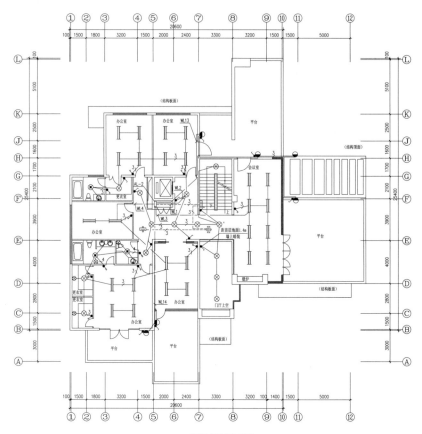

◆ 二层照明平面图

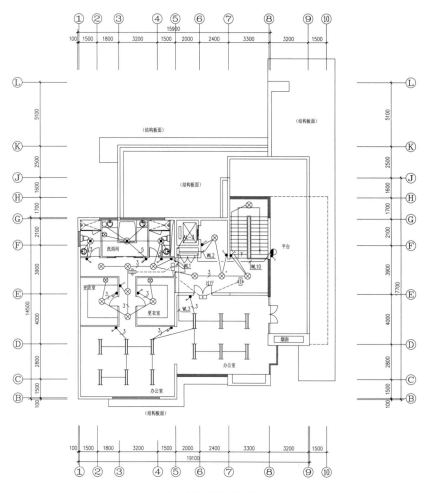

◆ 三层照明平面图

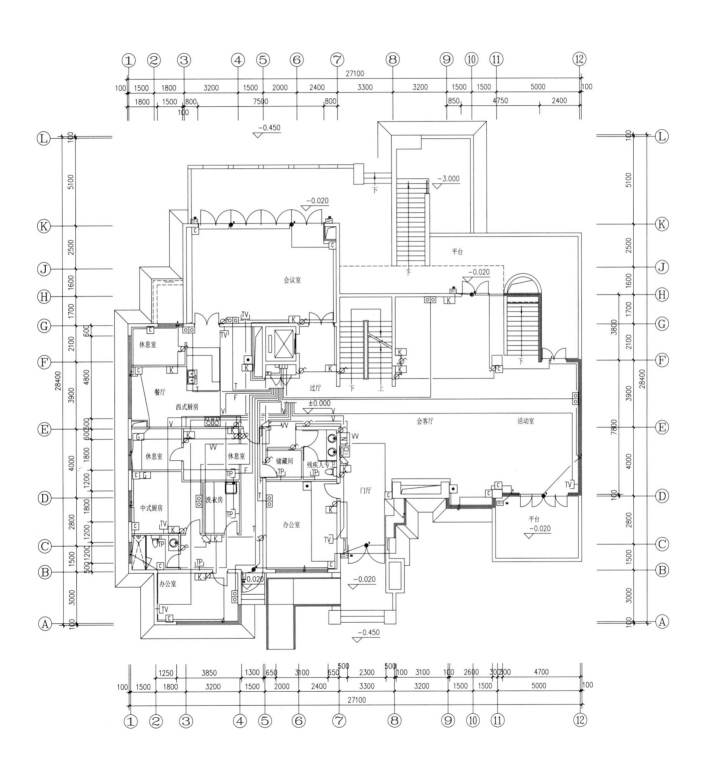

◆ 一层弱电平面图

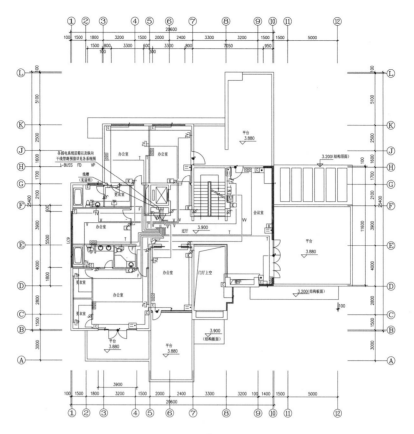

◆ 二层弱电平面图

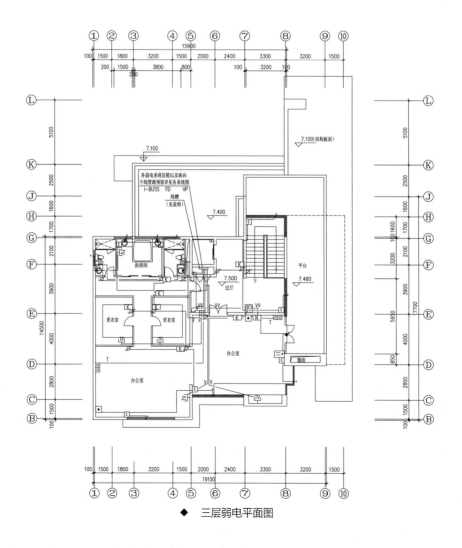

◆ 三层弱电平面图

# 案例 3

本项目为两层半独栋别墅，建筑面积682.4m²，占地面积246.97m²。设有半地下层，建筑面积250.78m²。一层设有客厅、厨房、餐厅、两间卧室、两间卫生间；二层设有两间卧室、三间卫生间、起居室；三层设有三间卧室、三间卫生间。

本别墅外观造型简洁大方，色彩明快，功能分区合理，房间尺度设计适宜，采光通风良好，富有时代气息。

## 建 筑

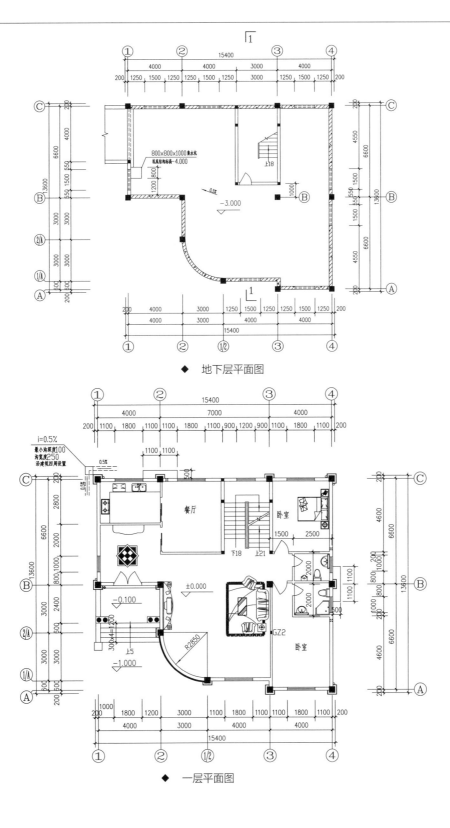

◆ 地下层平面图

◆ 一层平面图

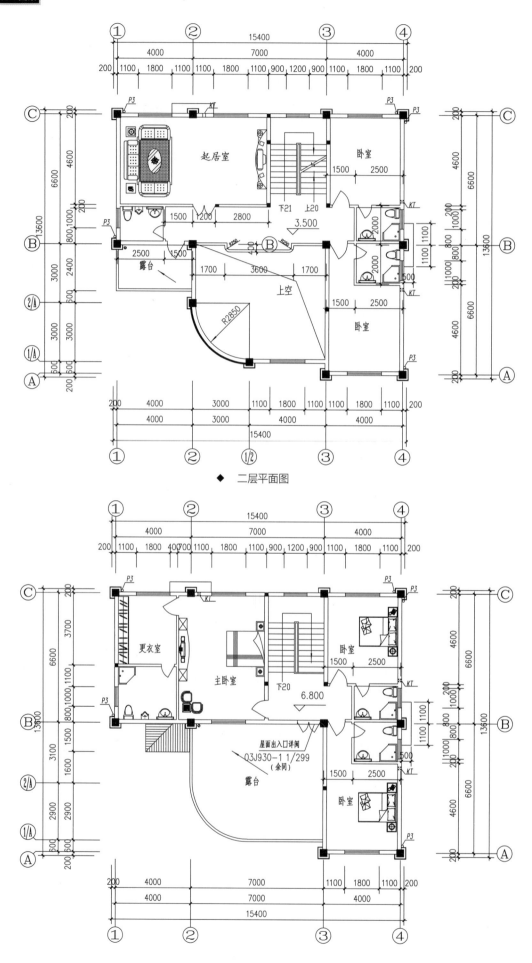

◆ 二层平面图

◆ 三层平面图

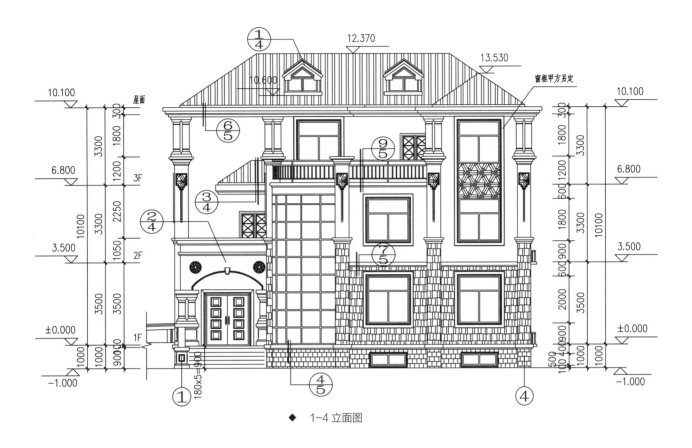

◆ 1~4 立面图

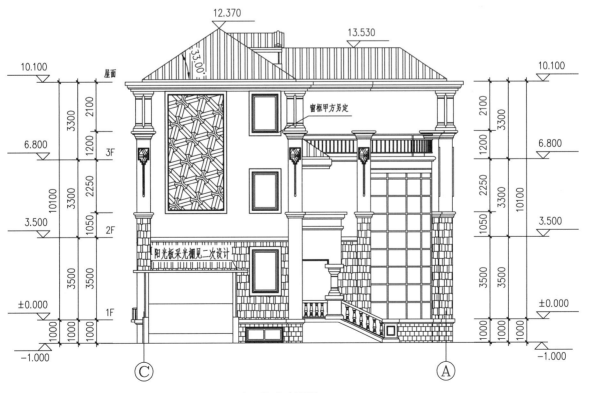

◆ C~A 立面图

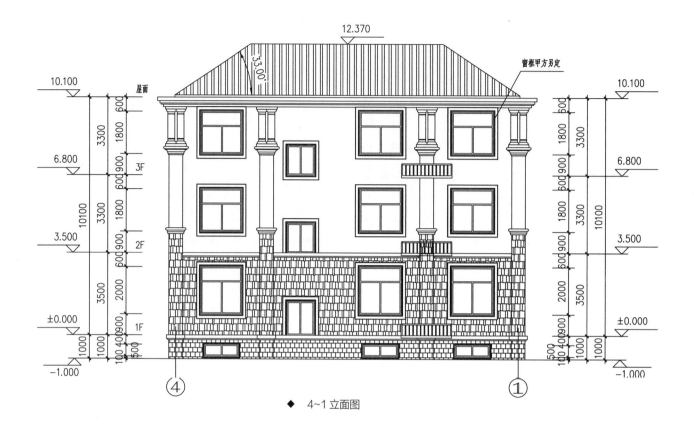

◆ 4~1 立面图

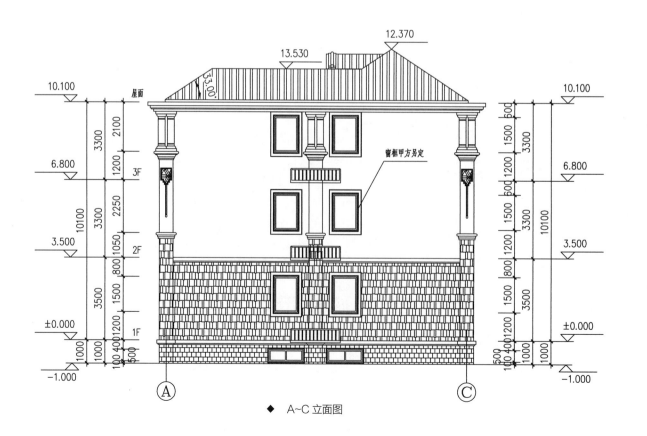

◆ A~C 立面图

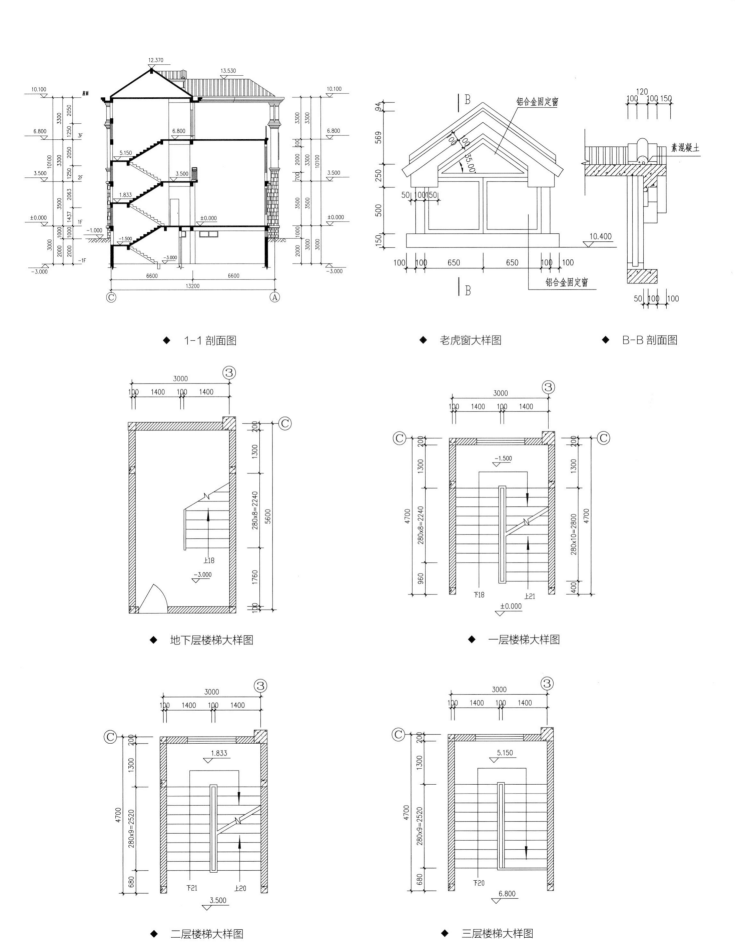

◆ 1-1 剖面图

◆ 老虎窗大样图

◆ B-B 剖面图

◆ 地下层楼梯大样图

◆ 一层楼梯大样图

◆ 二层楼梯大样图

◆ 三层楼梯大样图

**结构**

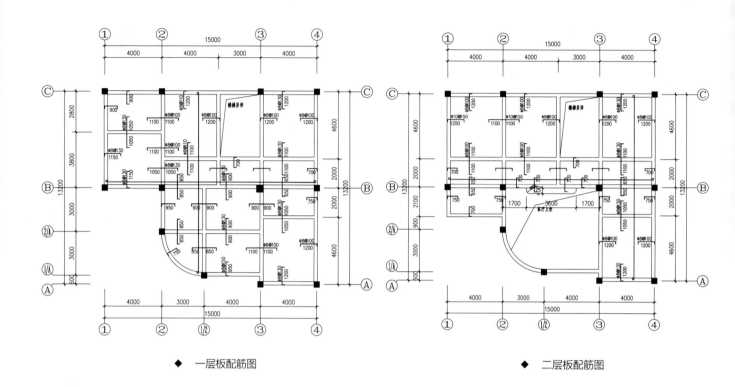

◆ 一层板配筋图　　　　　　　　　◆ 二层板配筋图

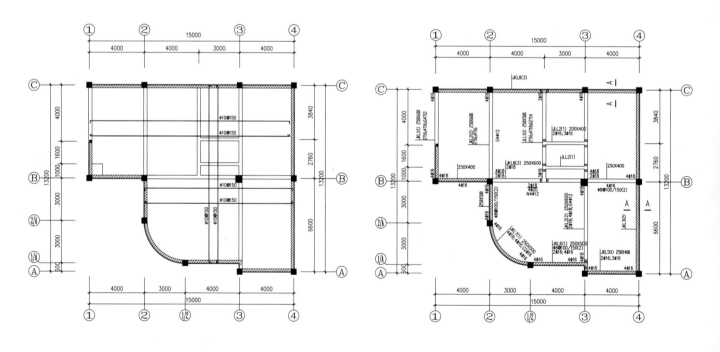

◆ 地下室结构平面图　　　　　　　◆ 基础梁配筋平面图

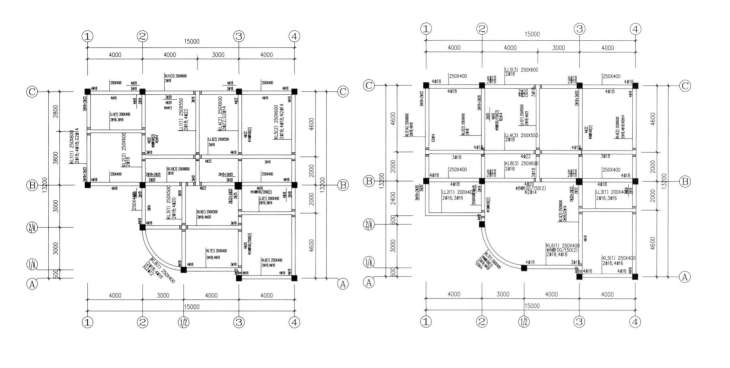

◆ 一层梁配筋图

◆ 二层梁配筋图

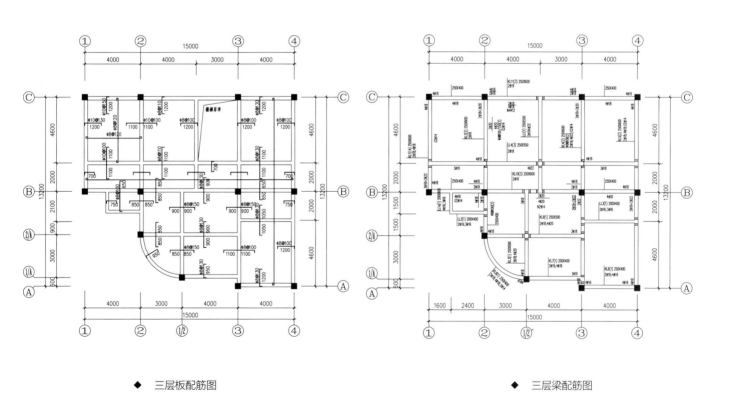

◆ 三层板配筋图

◆ 三层梁配筋图

# 给排水

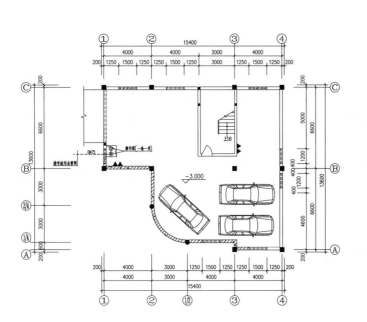

◆ 地下室给排水平面图

一层给排水平面图

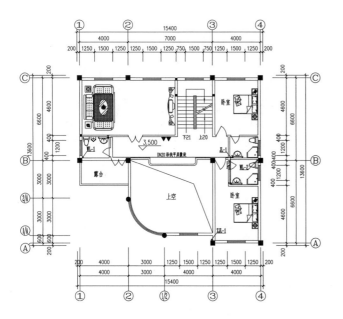

◆ 二层给排水平面图

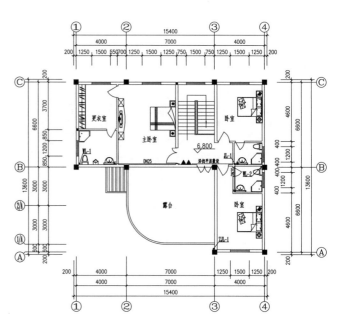

◆ 三层给排水平面图

**电**

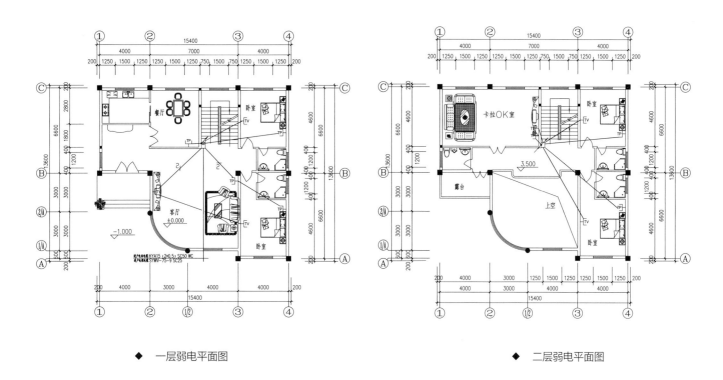

◆ 一层弱电平面图

◆ 二层弱电平面图

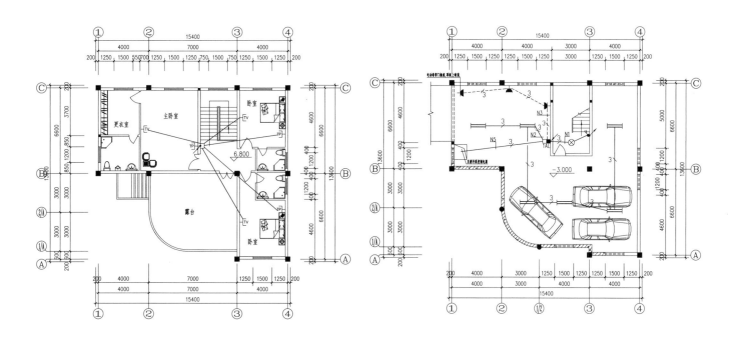

◆ 三层弱电平面图

◆ 地下室强电平面图

# 案例 4

## 建 筑

本项目为三层新农村别墅，砖混结构，建筑面积320m²，占地面积140m²，总高度10.65m。一层设有大堂、客厅、厨房、卧室一间、卫生间两间；二层设有客厅、卧室两间、卫生间两间、书房和三个大露台；三层设有活动室、卧室三间、卫生间一间、一个大阳台和露台。

本别墅平面功能分区明确，布置合理；立面造型朴素大方而又活泼别致，色彩清新淡雅，具有浓郁的田园气息。

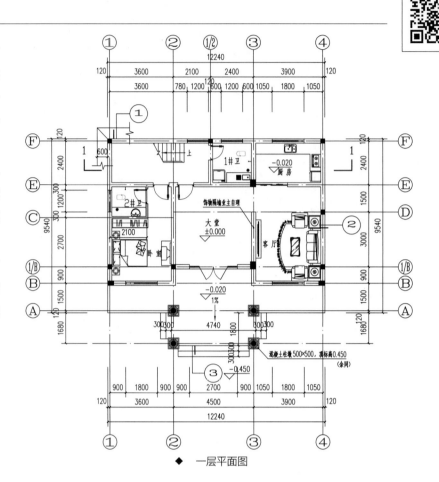

◆ 一层平面图

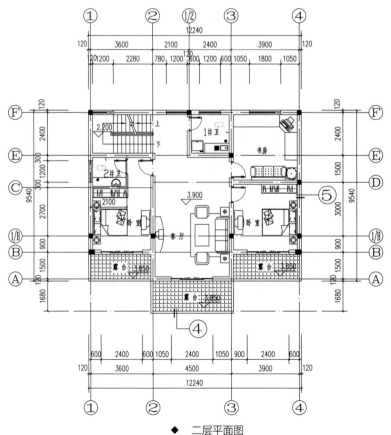

◆ 二层平面图

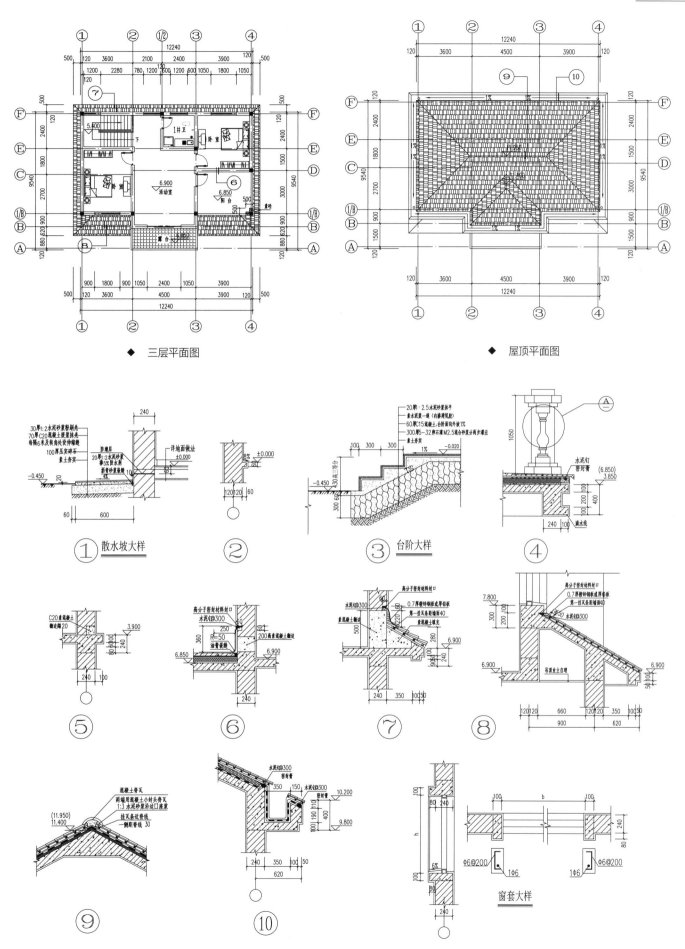

◆ 三层平面图

◆ 屋顶平面图

① 散水坡大样

②

③ 台阶大样

④

⑤

⑥

⑦

⑧

⑨

⑩

窗套大样

◆ 节点大样图

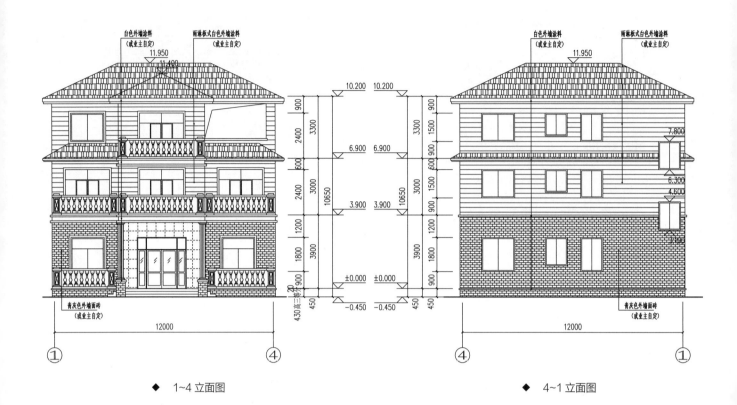

◆ 1~4 立面图

◆ 4~1 立面图

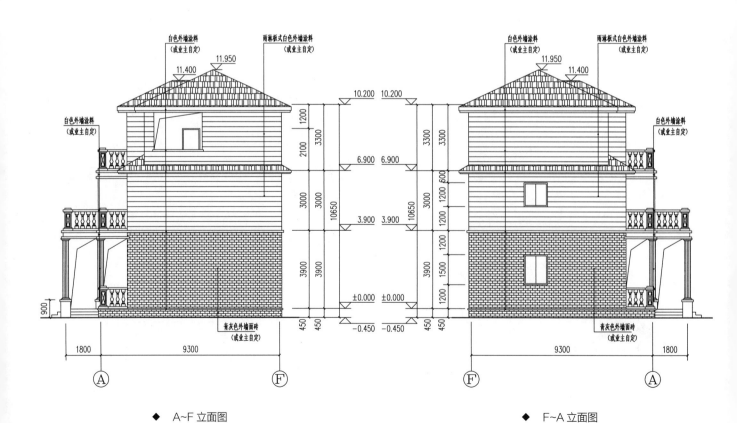

◆ A~F 立面图

◆ F~A 立面图

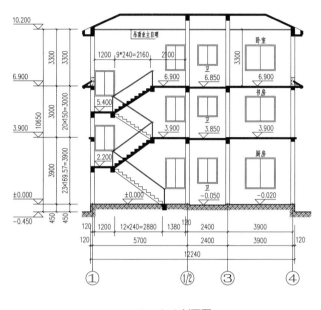

◆　1~1 剖面图

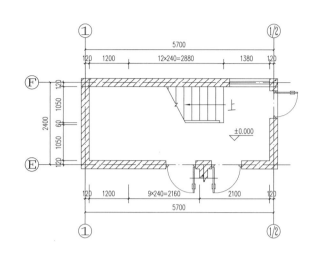

◆　一层楼梯平面图

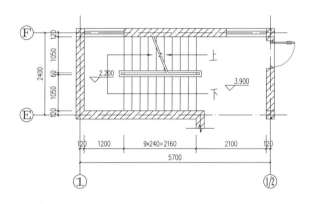

◆　二层楼梯平面图

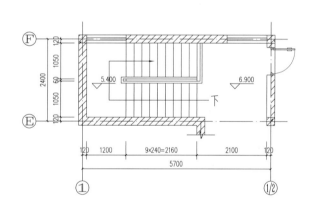

◆　三层楼梯平面图

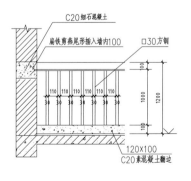

◆　楼梯水平栏杆详图

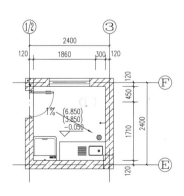

◆　1# 卫生间大样

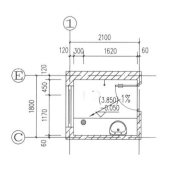

◆　2# 卫生间大样

# 结构

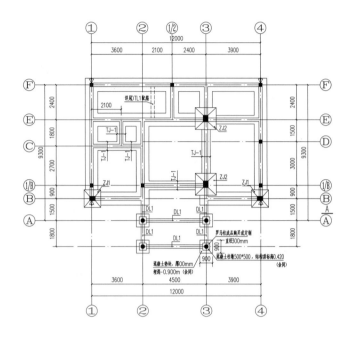

◆ 基础平面布置图

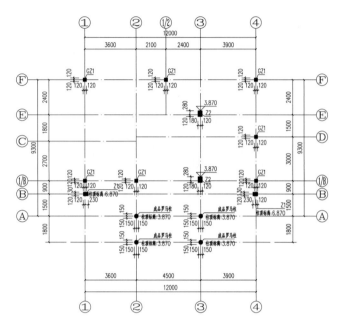

◆ 柱配筋平面图

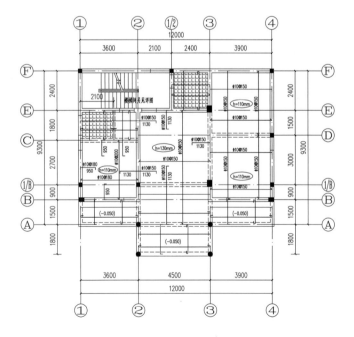

◆ 二层板配筋平面图

◆ 二层梁配筋平面图

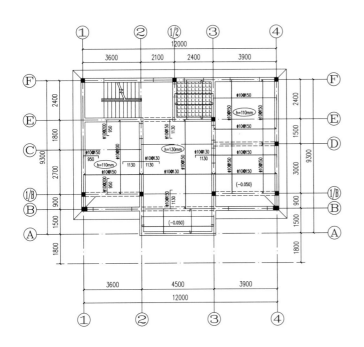

◆ 三层板配筋平面图

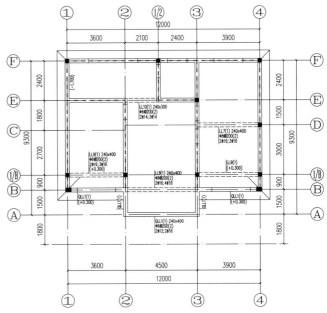

◆ 三层梁配筋平面图

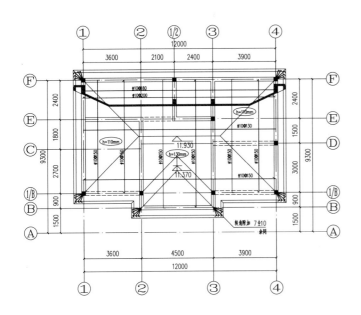

◆ 屋面板配筋平面图

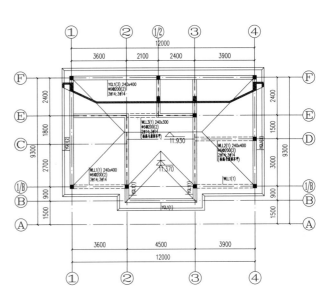

◆ 屋面梁配筋平面图

## 给排水

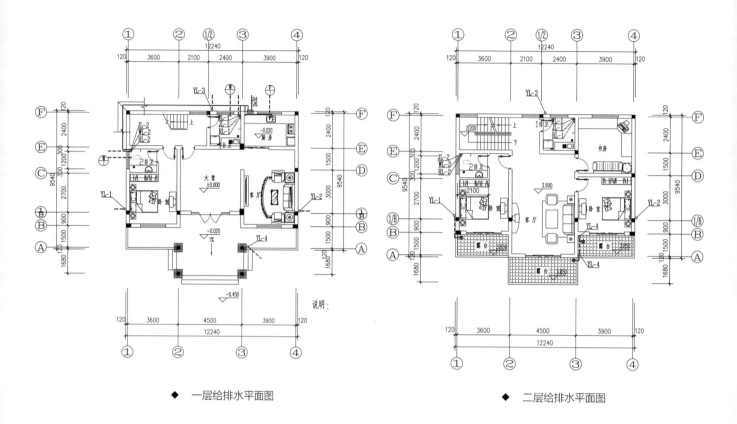

◆ 一层给排水平面图

◆ 二层给排水平面图

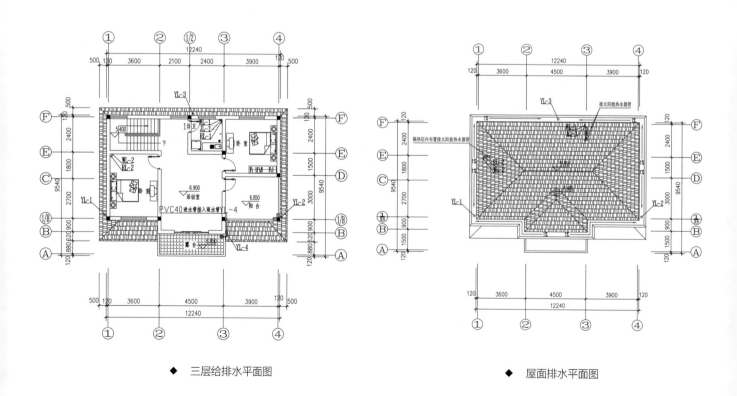

◆ 三层给排水平面图

◆ 屋面排水平面图

**电**

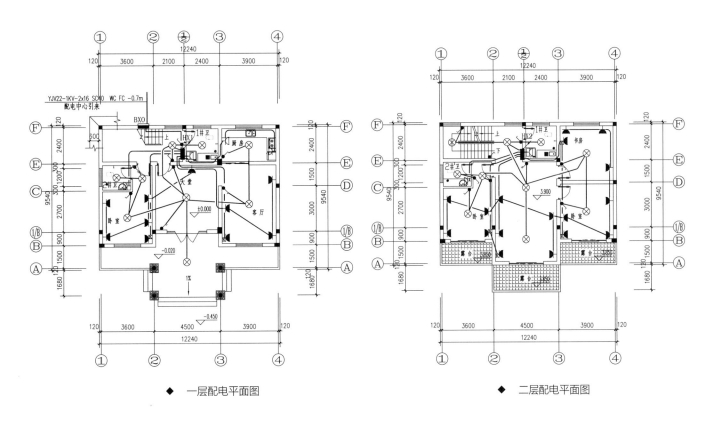

◆ 一层配电平面图

◆ 二层配电平面图

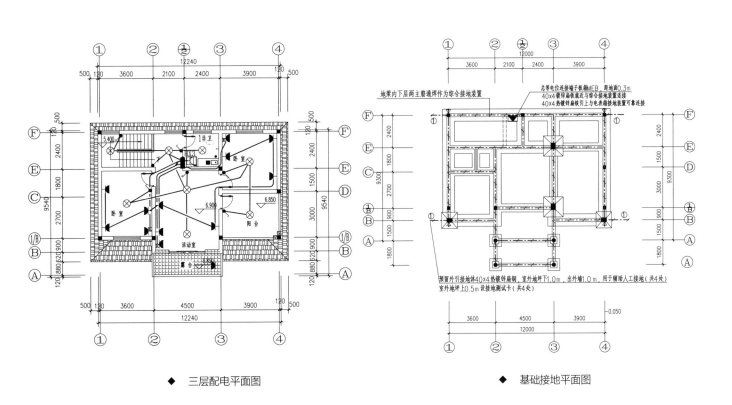

◆ 三层配电平面图

◆ 基础接地平面图

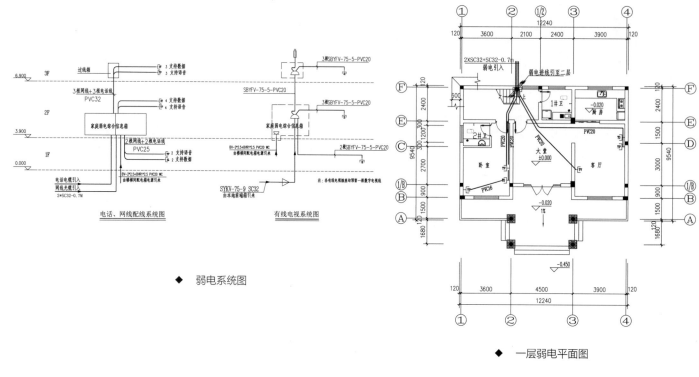

◆ 弱电系统图

◆ 一层弱电平面图

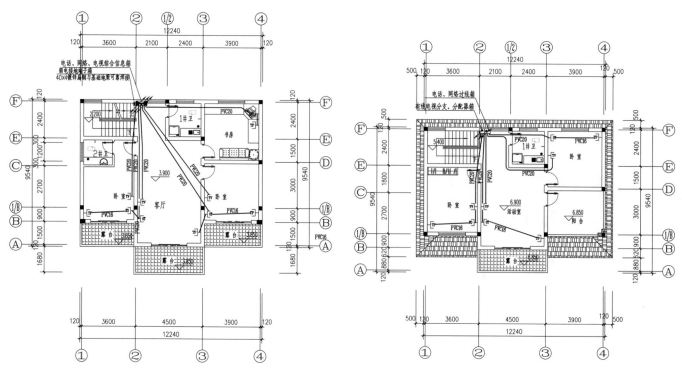

◆ 二层弱电平面图

◆ 三层弱电平面图

# 案例 5

## 建 筑

　　本项目为三层新农村独栋别墅，砖混结构，总建筑面积379.92m²，占地面积159.30m²，檐口建筑高度11.46m。第一层设有客厅、入口门厅、堂前、厨房、老人房、两间卫生间、洗手间、车库；二层设有起居室、三间卧室、悬空客厅空间、三个卫生间、一个书房、一个洗手间；三层设有起居室、四间卧室、两个卫生间、一个洗手间。

　　本别墅外观造型简洁大气，功能分区合理，房间尺度设计适宜，明厨明卫，采光通风良好，富有时代气息。

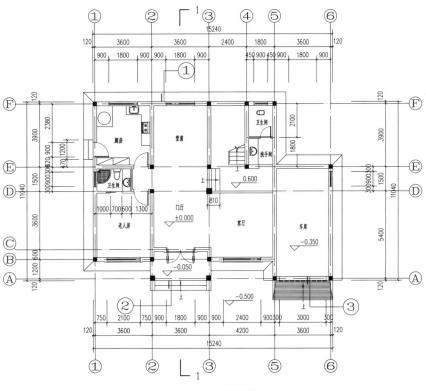

◆ 一层平面图

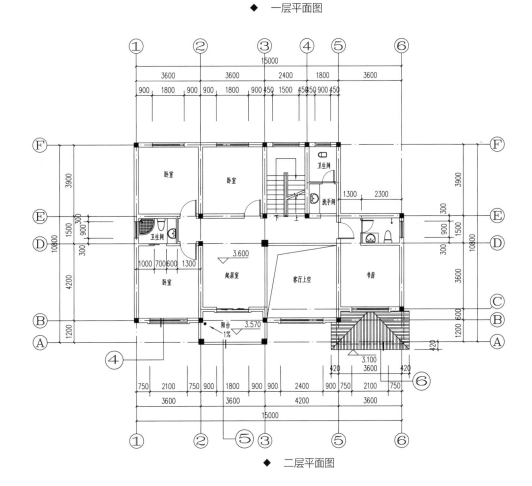

◆ 二层平面图

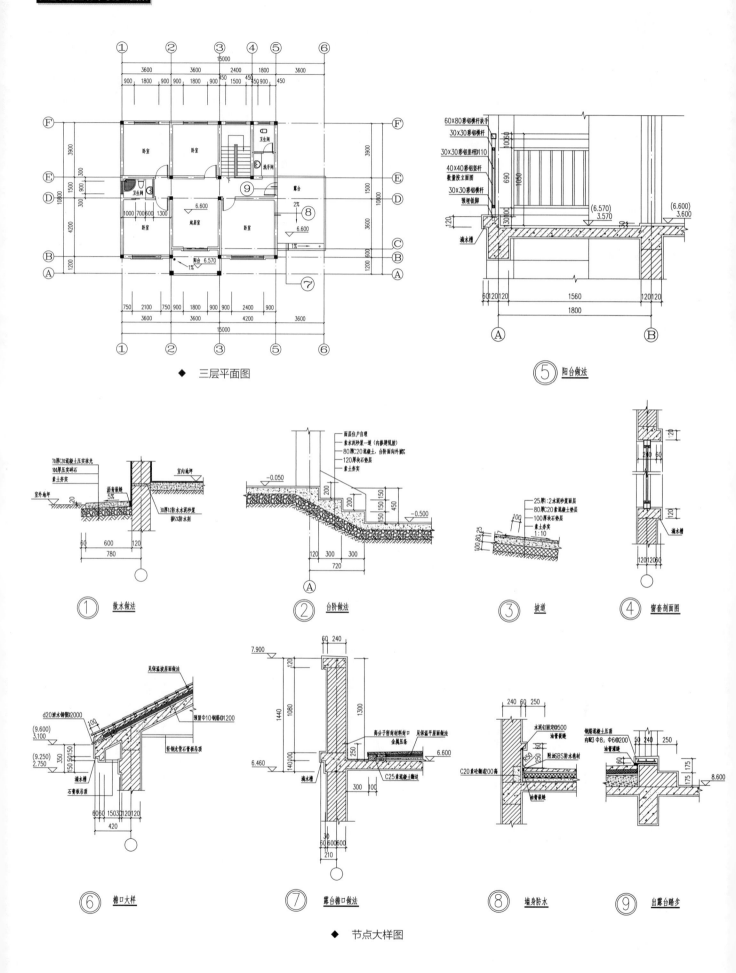

◆ 三层平面图

⑤ 阳台做法

① 散水做法

② 台阶做法

③ 坡道

④ 窗套剖面图

⑥ 檐口大样

⑦ 露台檐口做法

⑧ 墙身防水

⑨ 出露台踏步

◆ 节点大样图

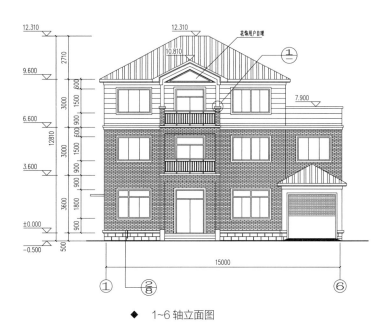

◆ 1~6 轴立面图

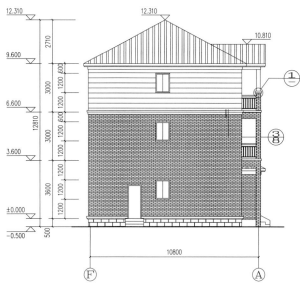

◆ F~A 轴立面图

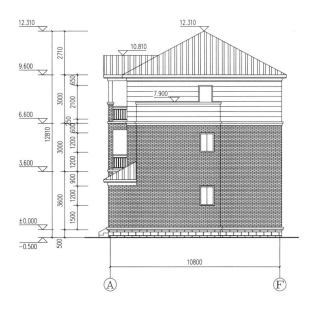

◆ A~F 轴立面图

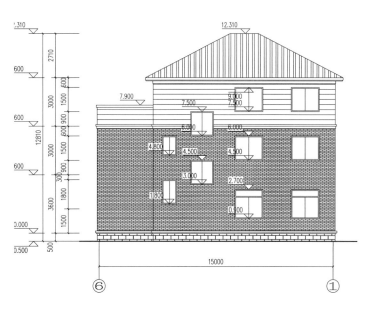

◆ 6~1 轴立面图

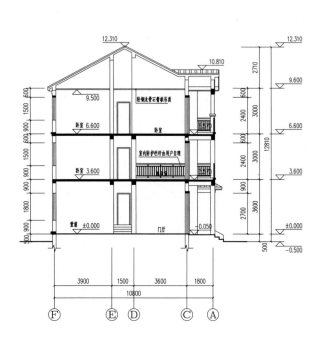

◆ 1-1 剖面图

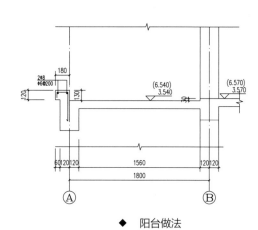

◆ A-A 剖面图

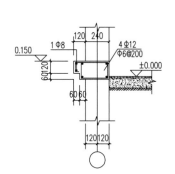

◆ 腰线

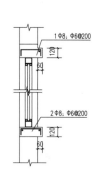

◆ 窗套剖面图

◆ 阳台做法

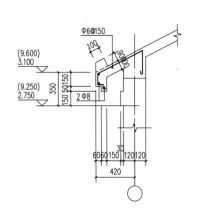

◆ 檐口大样图

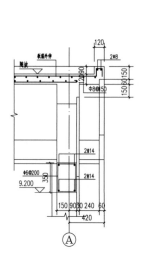

◆ 檐口大样图

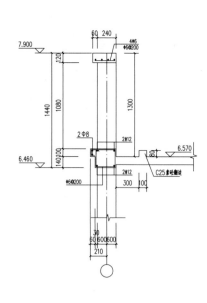

◆ 露台檐口做法

# 给排水

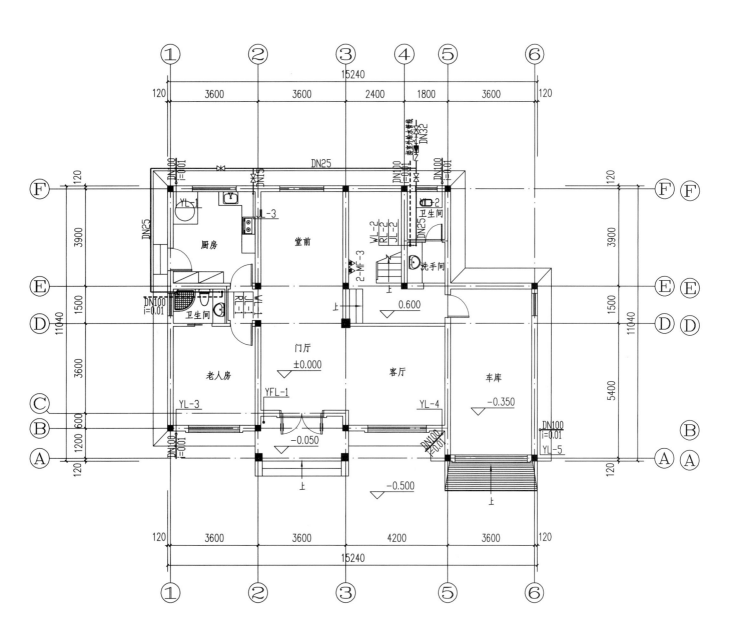

◆ 一层给排水平面图

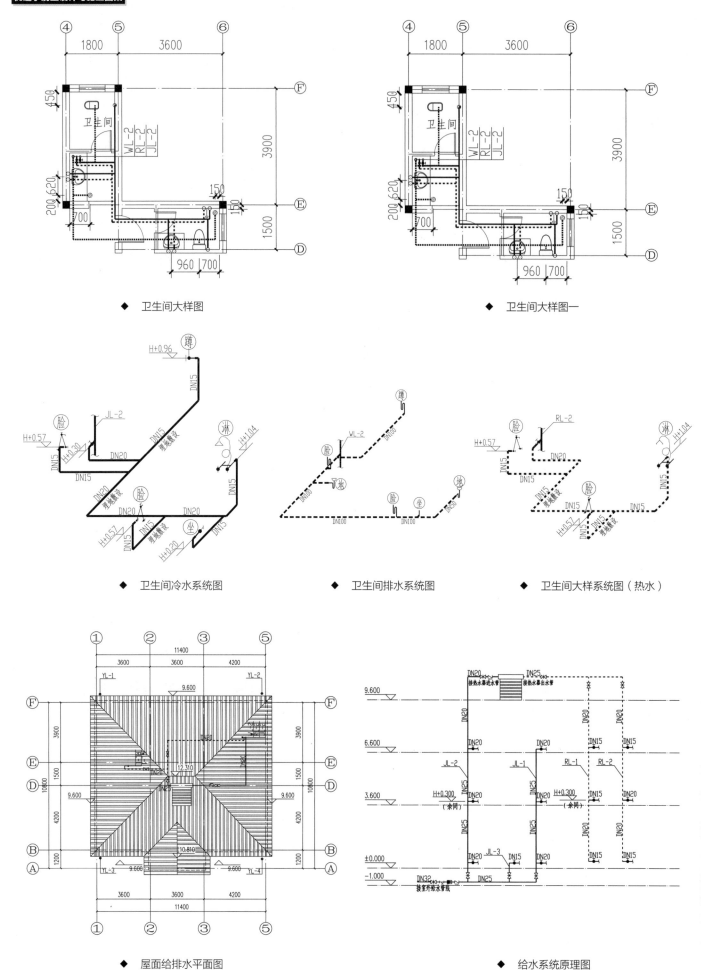

◆ 卫生间大样图

◆ 卫生间大样图一

◆ 卫生间冷水系统图

◆ 卫生间排水系统图

◆ 卫生间大样系统图（热水）

◆ 屋面给排水平面图

◆ 给水系统原理图

**电**

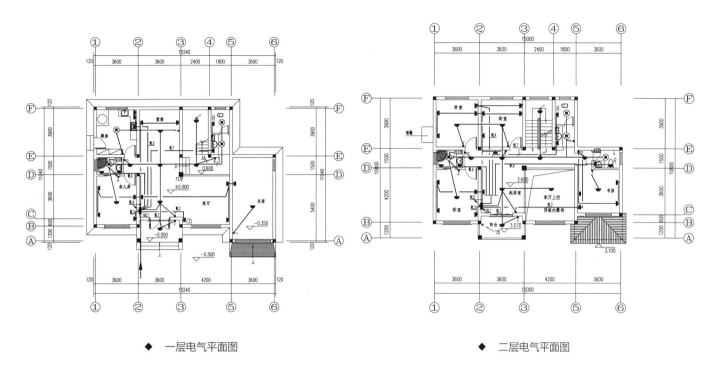

◆　一层电气平面图

◆　二层电气平面图

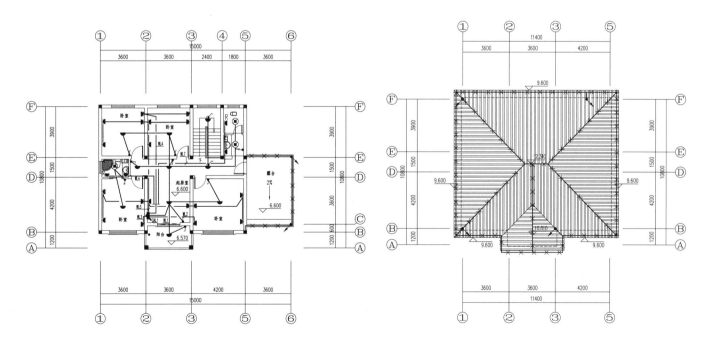

◆　三层电气平面图

◆　屋顶防雷平面图

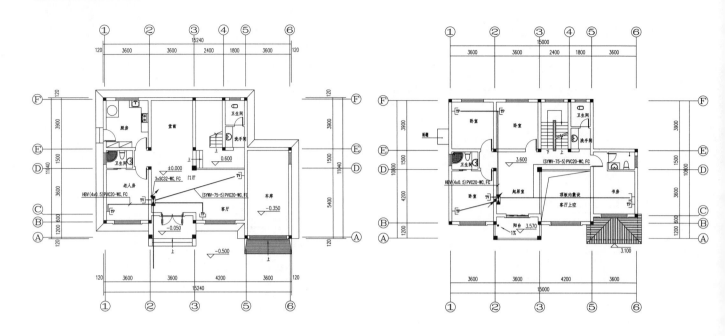

◆ 一层弱电平面图　　　　　　　　　◆ 二层弱电平面图

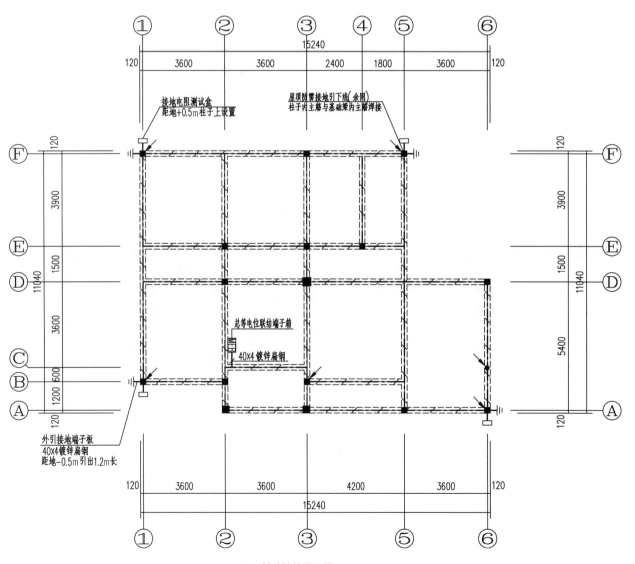

◆ 基础接地平面图

# 案例 6

## 建 筑

本项目为某地新农村三层别墅，占地面积112.96m²，建筑面积309.86m²，檐口高度9.00m。一层建筑基底面积112.96m²，有车库、厨房、客厅、老人房、卫生间、门厅；二层建筑基底面积112.96m²，有两间次卧、主卧、两间卫生间、书房；三层建筑基底面积112.96m²，与二层布局一致。

该别墅从花园式别墅出发，结合了多种建筑风格，把建筑的外在和内涵合并表现出来，可以说用心十足。值得一提的是山墙的设计，与一般的喜欢在山墙做文章的设计不同，该别墅的山墙空前地简洁，除了竖条形开窗外，再无其他杂项。这样做的原因是与造型更为丰富的正立面形成对比和呼应。

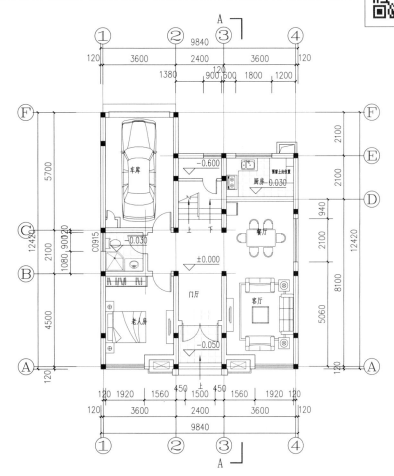

◆ 一层平面图

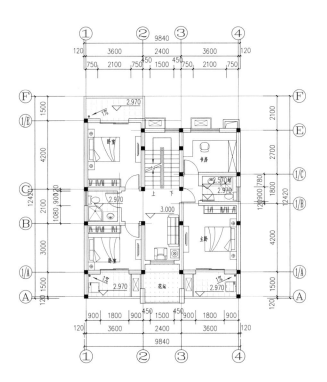

◆ 二层平面图

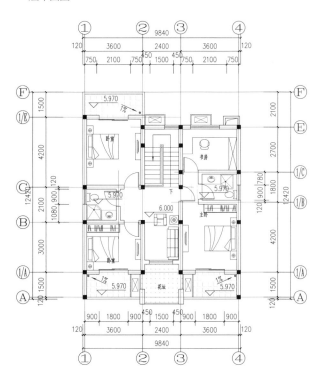

◆ 三层平面图

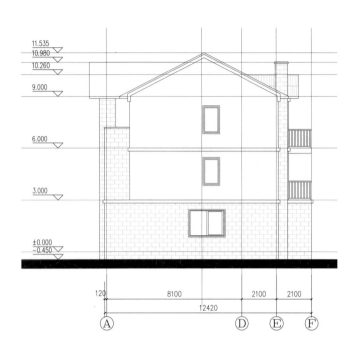

◆ 东立面

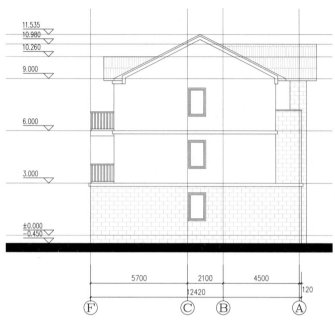

◆ 西立面

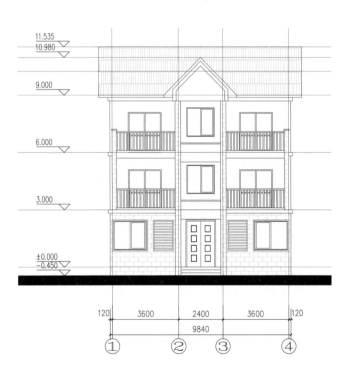

◆ 南立面

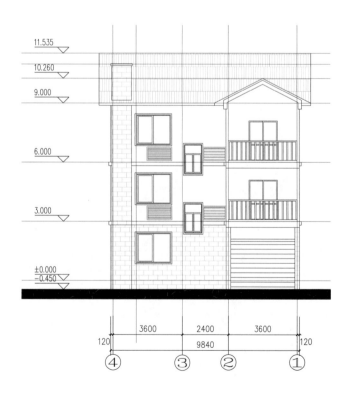

◆ 北立面

## 结构

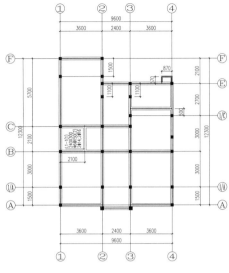

◆　一层梁平法施工图

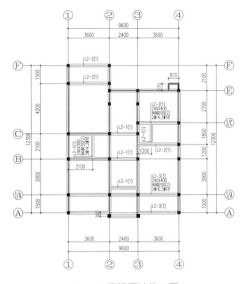

◆　二层梁平法施工图

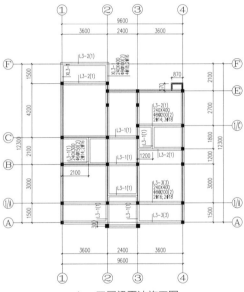

◆　三层梁平法施工图

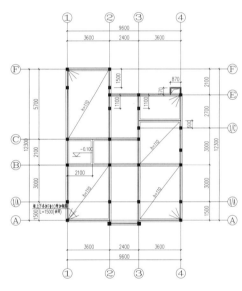

◆　板顶标高为 -0.050 板配筋图

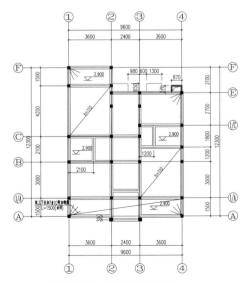

◆　板顶标高为 2.950 板配筋图

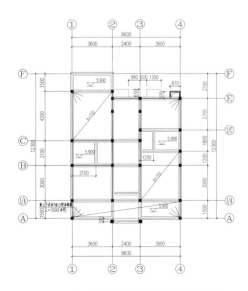

◆　板顶标高为 5.950 板配筋图

## 给排水

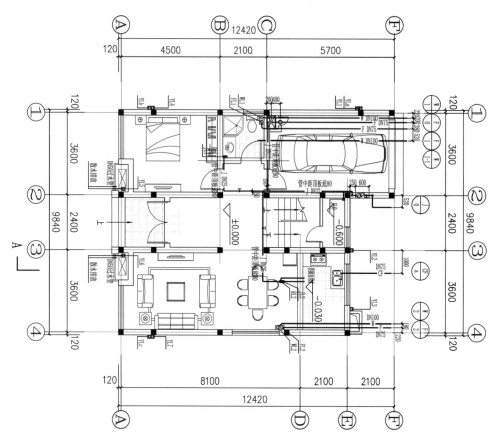

◆ 一层给排水平面图

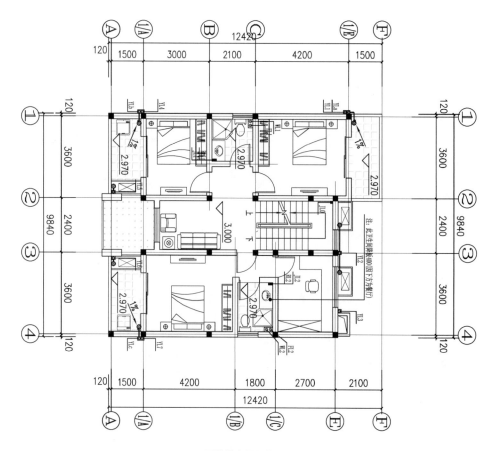

◆ 二层给排水平面图

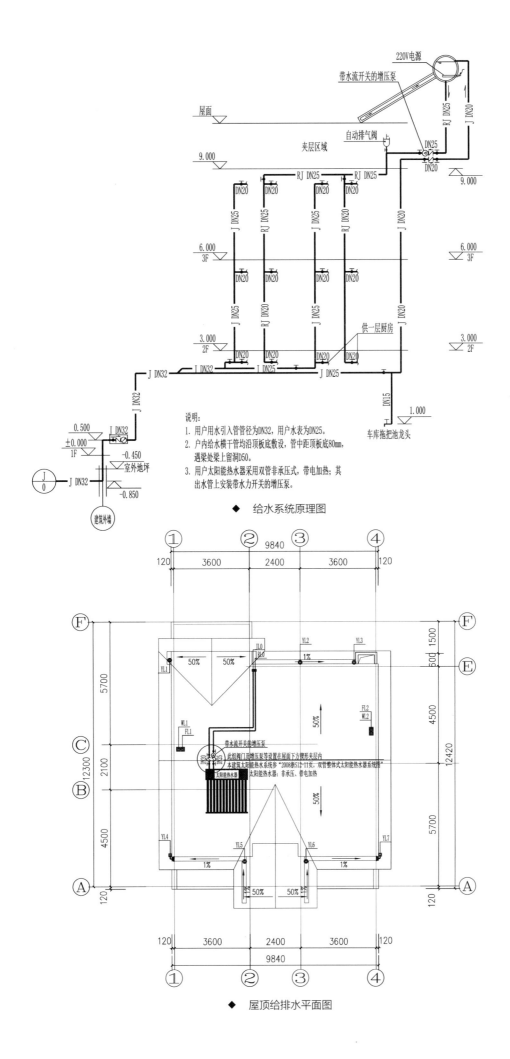

◆ 给水系统原理图

说明:

1. 用户用水引入管管径为DN32,用户水表为DN25。
2. 户内给水横干管均沿顶板底敷设,管中距顶板底80mm,遇梁处梁上留洞D50。
3. 用户太阳能热水器采用双管非承压式,带电加热;其出水管上安装带水力开关的增压泵。

◆ 屋顶给排水平面图

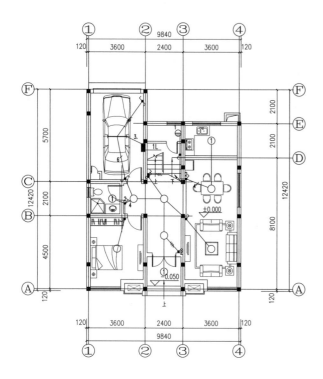

◆ 一层照明平面图

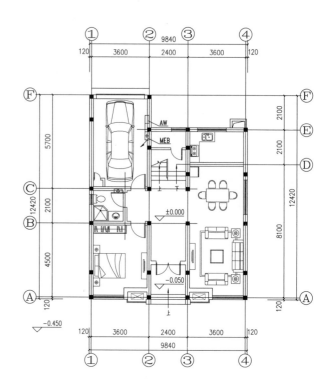

◆ 一层等电位接地平面图

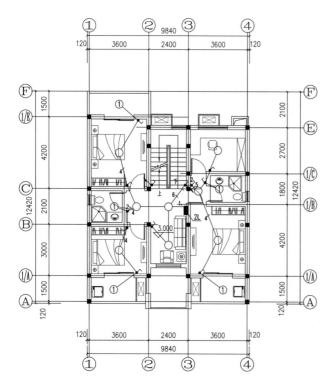

◆ 二层照明平面图

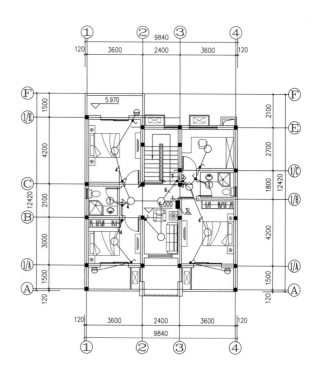

◆ 三层照明平面图

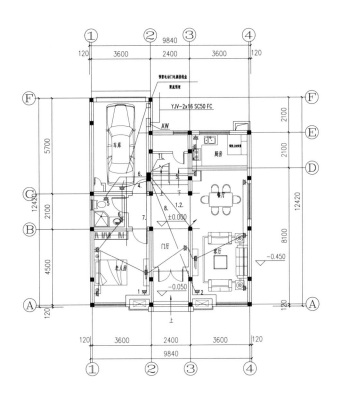

◆ 一层配电及插座平面图

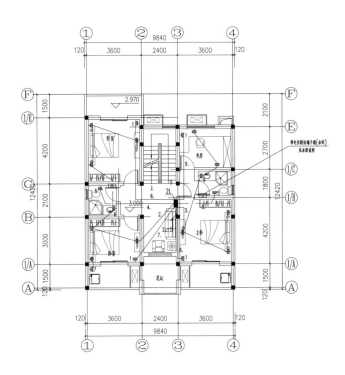

◆ 二层配电及插座平面图

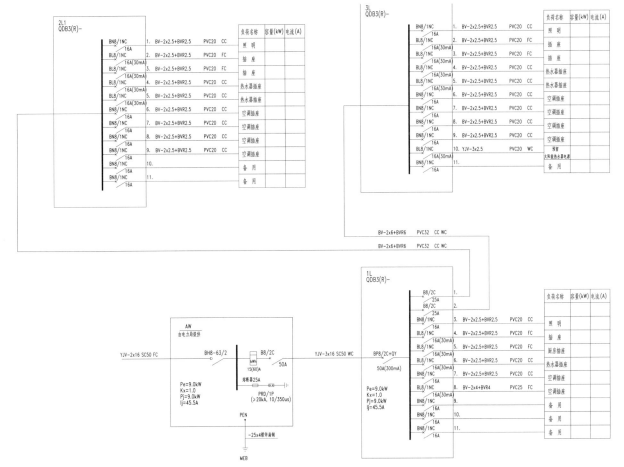

◆ 配电箱系统图

# 案例 7

本项目为两层独栋别墅，砖混结构，占地面积104m²，建筑高度8.65m。一层设有客厅、餐厅、厨房、活动室、老人房、卫生间；二层设有主卧、小孩房、书房、卫生间两间、一个大露台。

本户型屋顶采用英红彩瓦，平屋顶与坡屋顶相结合，外观造型高低错落、别致大方，采光通风良好,色彩明快，整体平面布局紧凑，空间利用率高。

## 建 筑

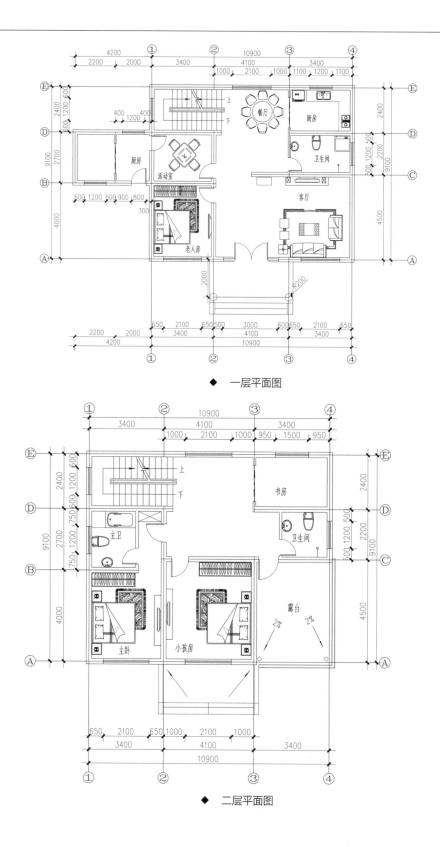

◆ 一层平面图

◆ 二层平面图

◆ 前立面图

◆ 后立面图

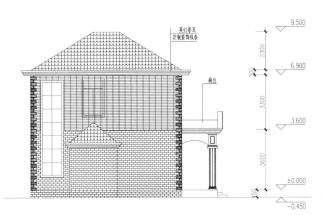

◆ 左立面图

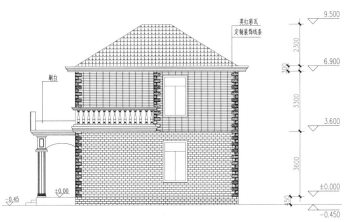

◆ 右立面图

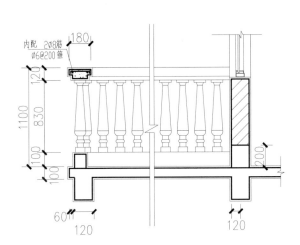

◆ 阳台详图

◆ 室外台阶详图

## 结构

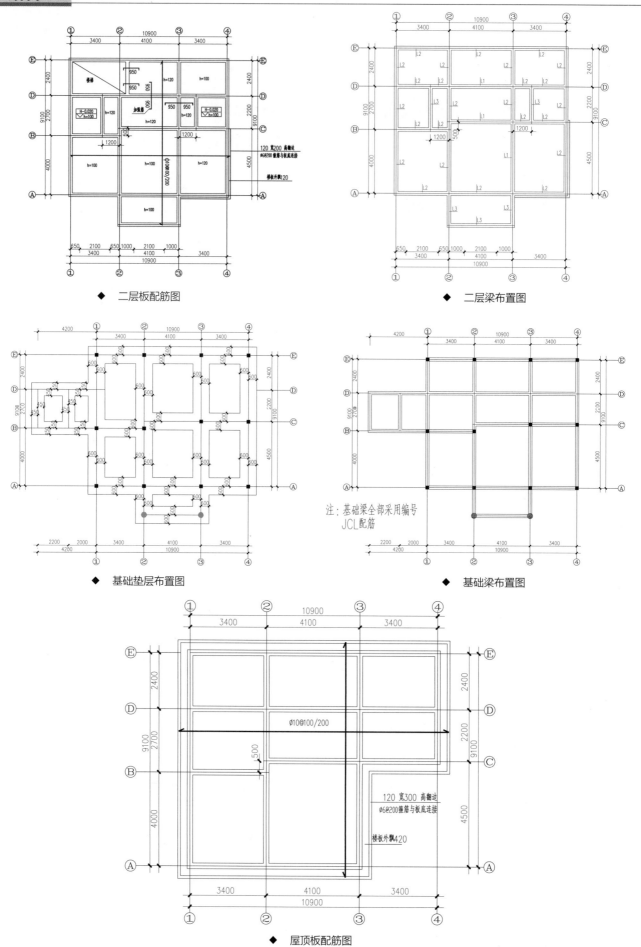

◆ 二层板配筋图

◆ 二层梁布置图

◆ 基础垫层布置图

◆ 基础梁布置图

注：基础梁全部采用编号 JCL配筋

◆ 屋顶板配筋图

# 水

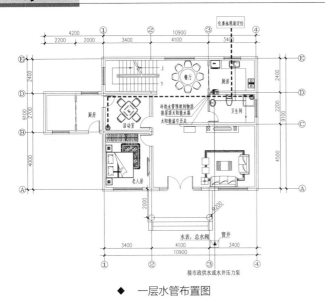

◆ 一层水管布置图

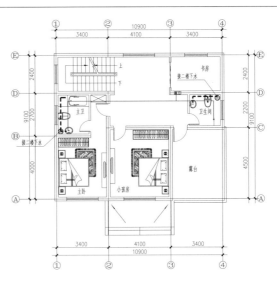

◆ 二层水管布置图

# 电

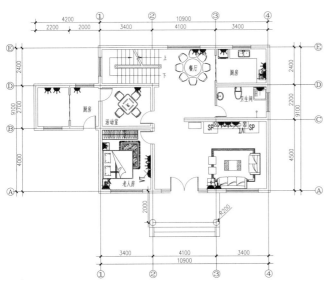

◆ 一层插座布置图

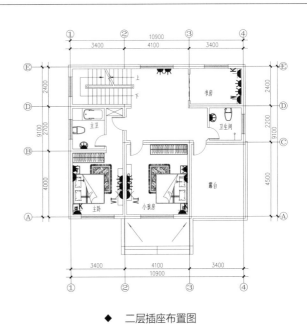

◆ 二层插座布置图

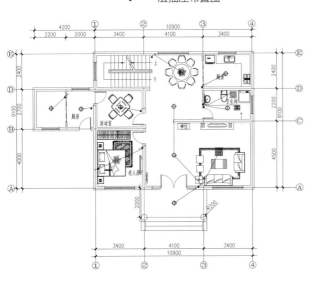

◆ 一层照明布置图

◆ 二层照明布置图

# 案例 8

　　本项目为两层独栋别墅，占地面积182m²，建筑面积380m²，建筑高度7.55m。一层设有过厅、起居室、卧室两间、卫生间一间、厨房；二层和一层布局一样。

　　本项目五开间的正立面宏阔大气，衬以底方上圆的外廊立柱，尺寸开阔的拱形窗，把贵族式的居住氛围尽皆传达到位。本设计不是典型元素的简单叠加，而是意韵的有机组合，意韵与风情俱在。

## 建 筑

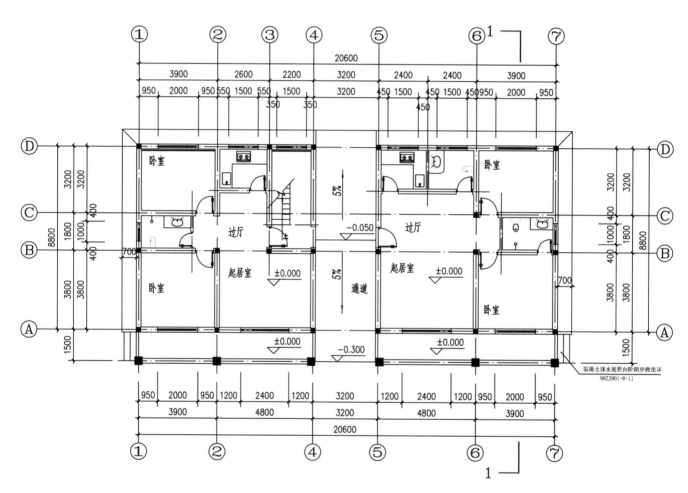

◆ 一层平面图

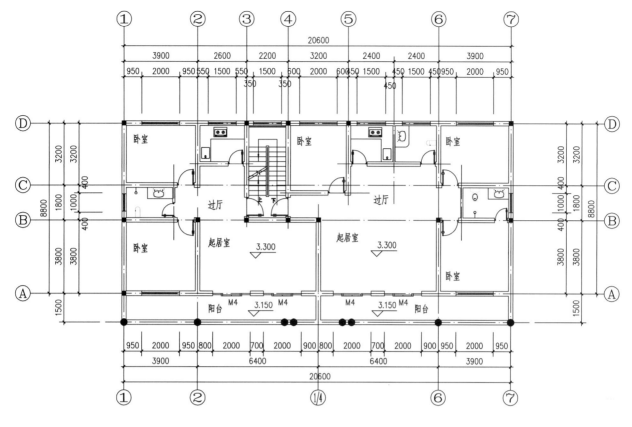

◆ 二层平面图

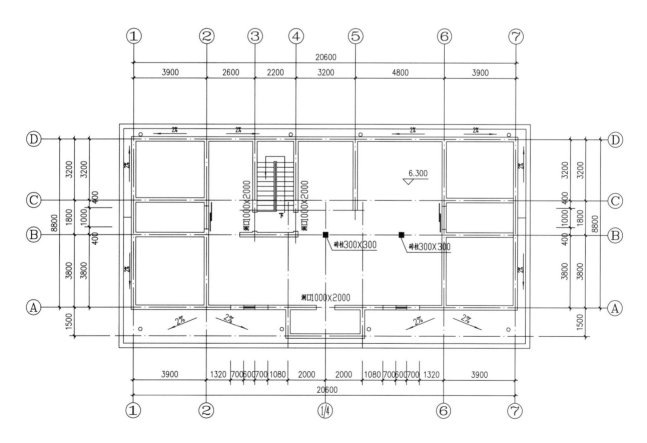

◆ 阁楼层平面图

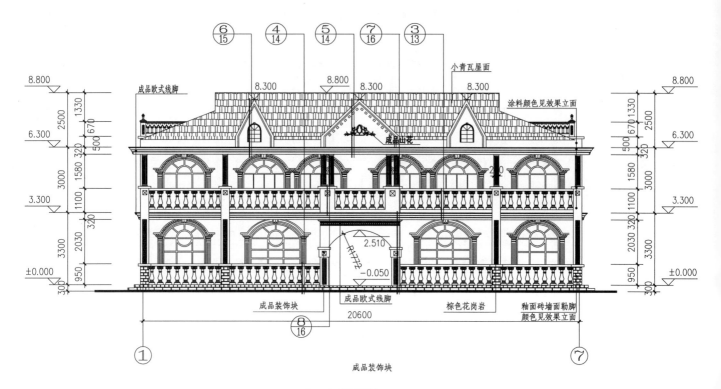

◆ 1~7 立面图

◆ 7~1 立面图

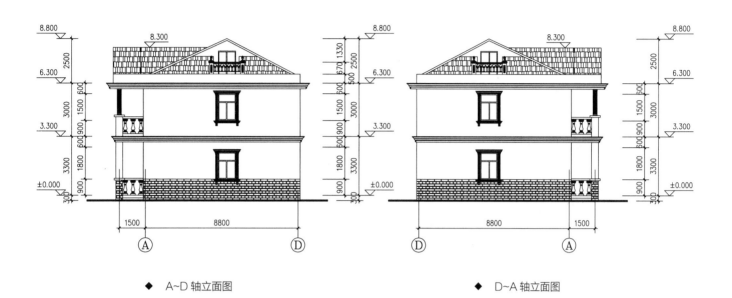

◆ A~D 轴立面图

◆ D~A 轴立面图

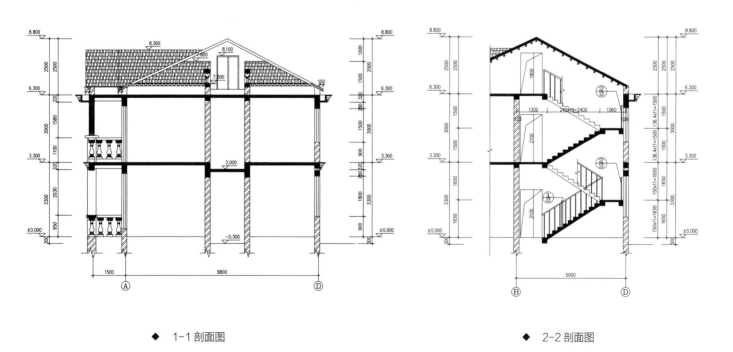

◆ 1-1 剖面图

◆ 2-2 剖面图

# 结构

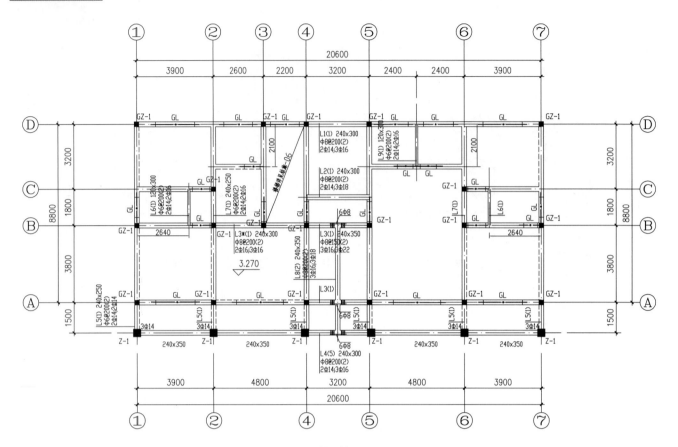

◆ 3.270 梁柱配筋平面图

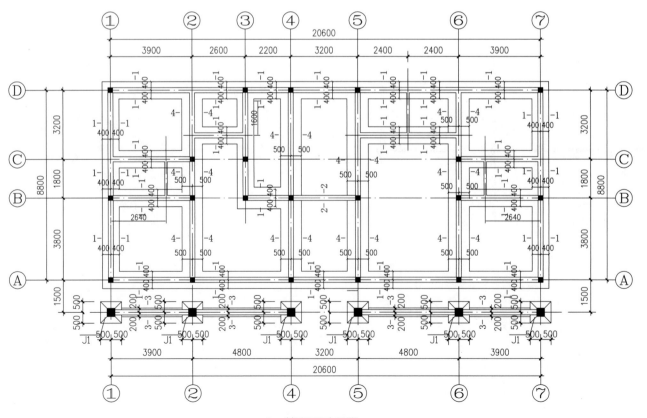

◆ 基础平面布置图

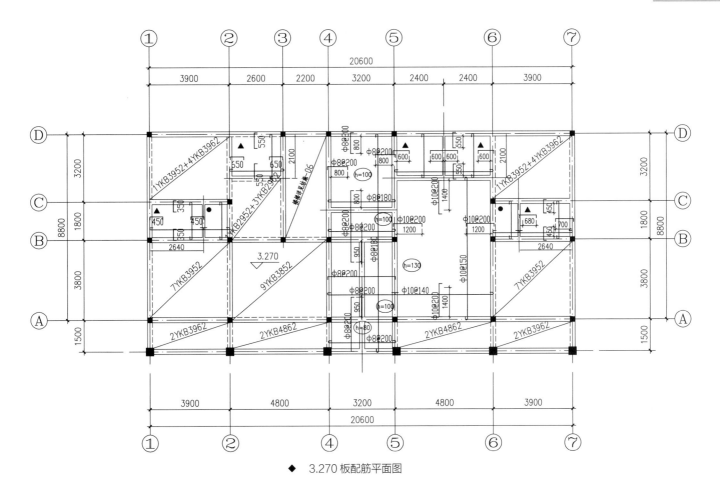

◆ 3.270 板配筋平面图

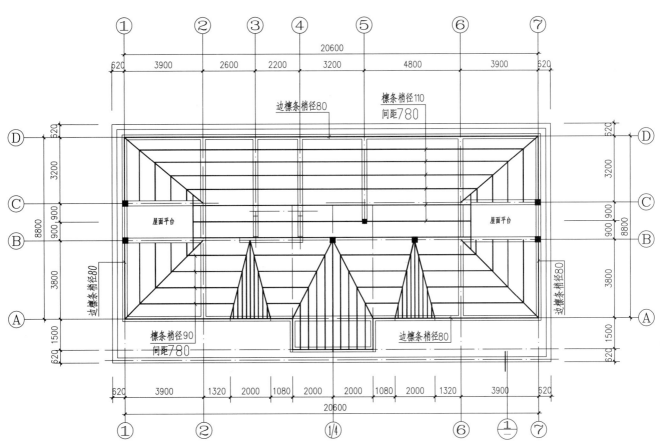

◆ 屋面檩条平面布置图

# 给排水

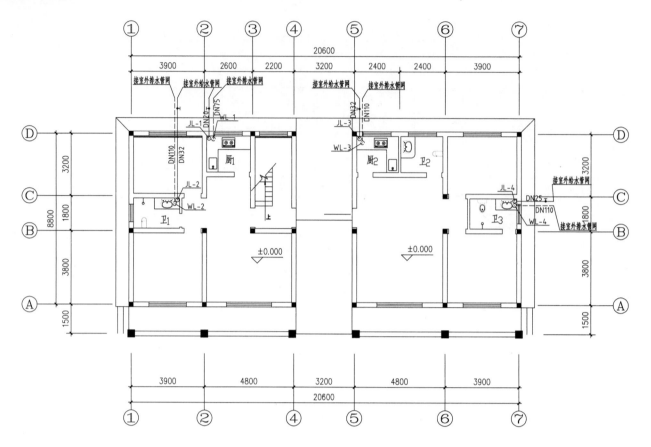

◆ 一层给排水平面图

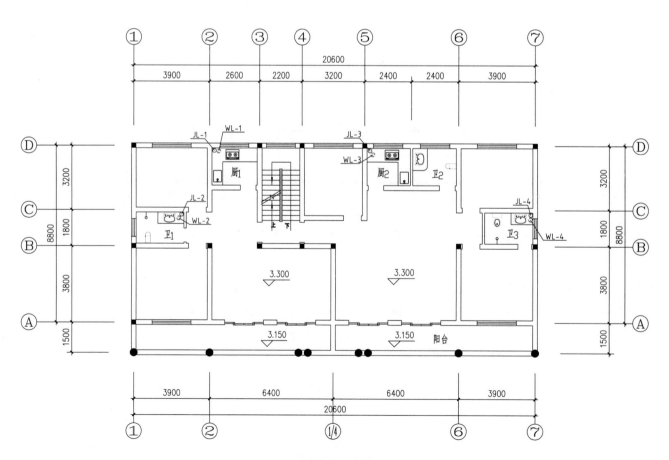

◆ 二层给排水平面图

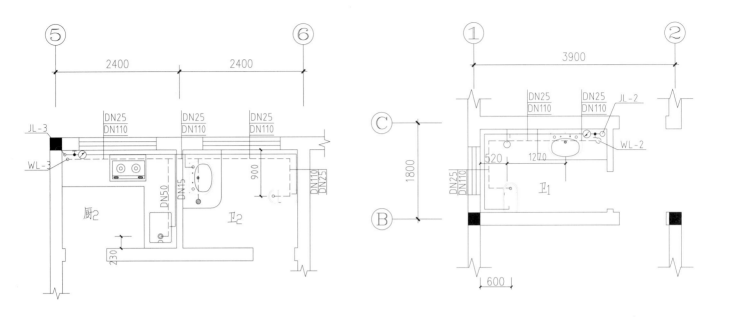

◆ 卫生间大样图一

◆ 卫生间大样图二

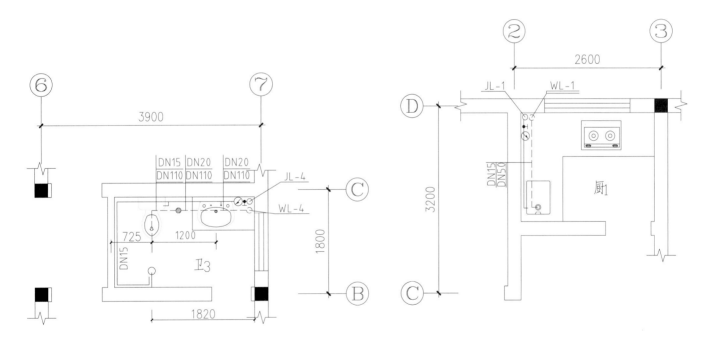

◆ 卫生间大样图三

◆ 卫生间大样图四

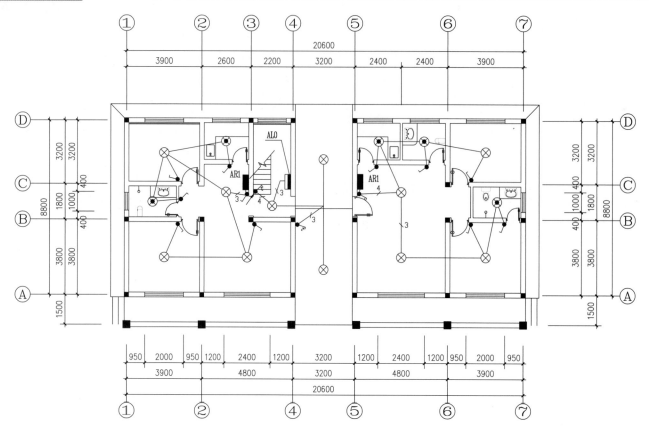

◆ 一层照明平面图

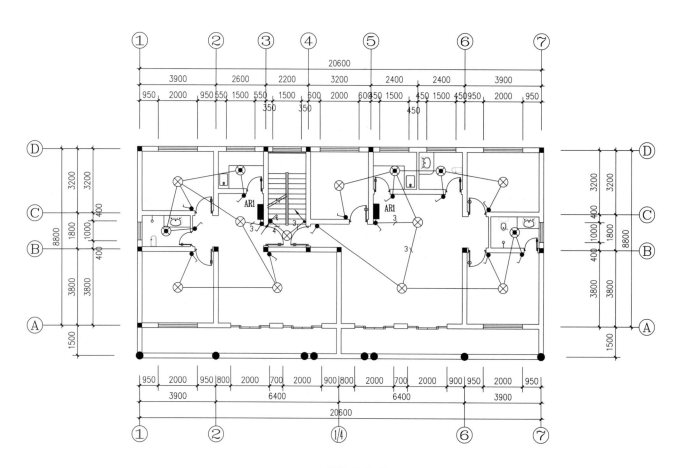

◆ 二层照明平面图

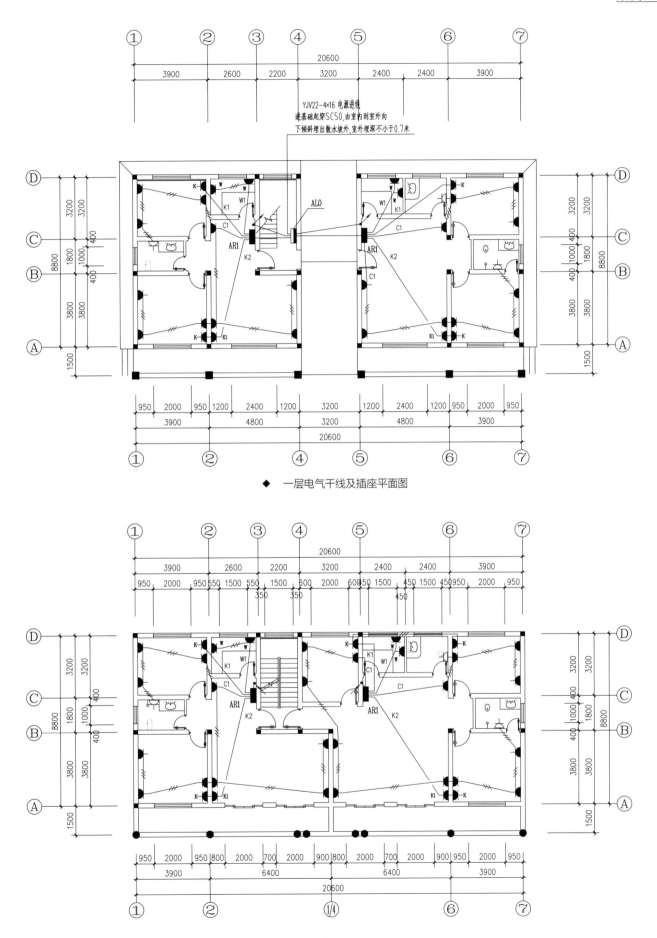

◆ 一层电气干线及插座平面图

◆ 二层电气干线及插座平面图

073

# 案例 9

本项目为某农村三层别墅，坡屋顶，建筑总高度11.22m。一层有堂前、农具间、厨房、老人房（附卫生间）；二层有客厅、主卧（附卫生间）、次卧、卫生间、阳台；三层有露台、卧室、阳台、卫生间。

该别墅采用仿毛石和青砖的墙面，既凸显了建筑的古朴，又做出了明晰感，简单而不单调，屋顶右侧是个大露台，方便娱乐。

## 建 筑

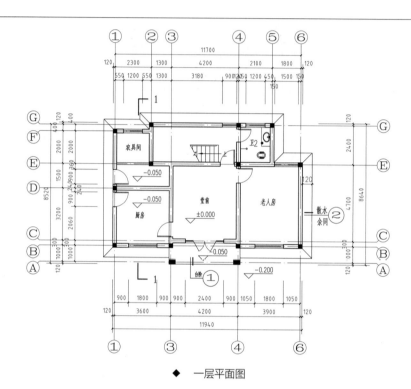

◆ 一层平面图

◆ 二层平面图

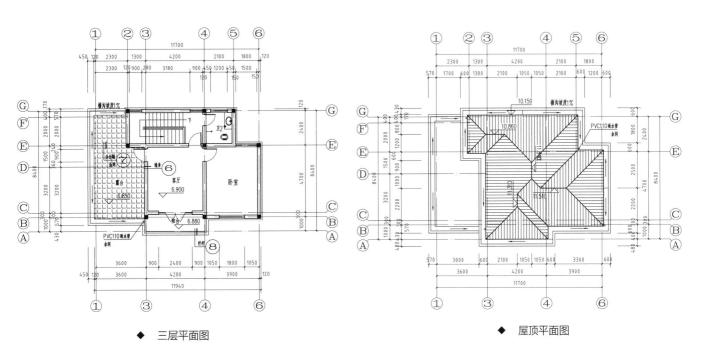

◆ 三层平面图　　　　◆ 屋顶平面图

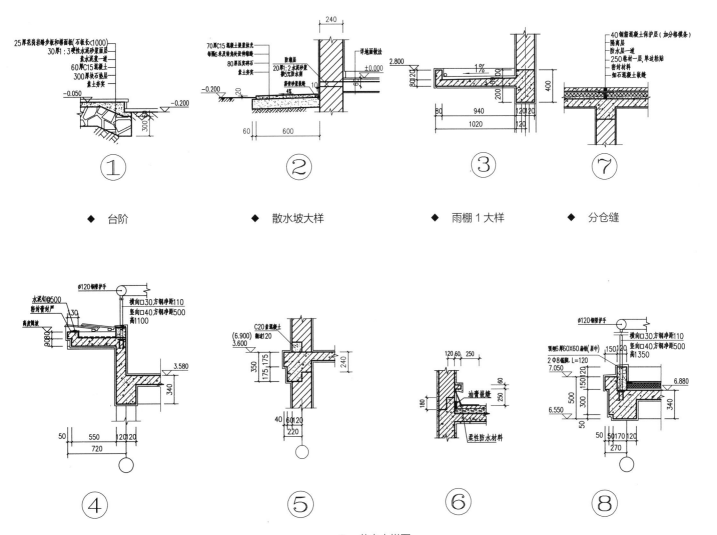

◆ 台阶　　　◆ 散水坡大样　　　◆ 雨棚1大样　　　◆ 分仓缝

◆ 节点大样图

◆ 1~6 轴立面图　　　　　　　　　　◆ 6~1 轴立面图

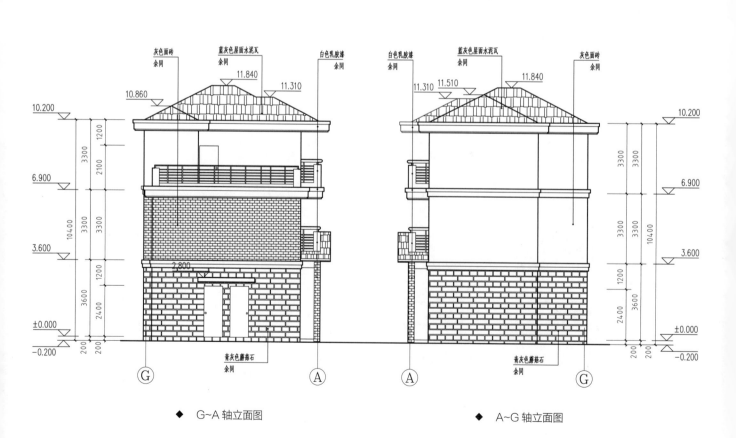

◆ G~A 轴立面图　　　　　　　　　　◆ A~G 轴立面图

**结构**

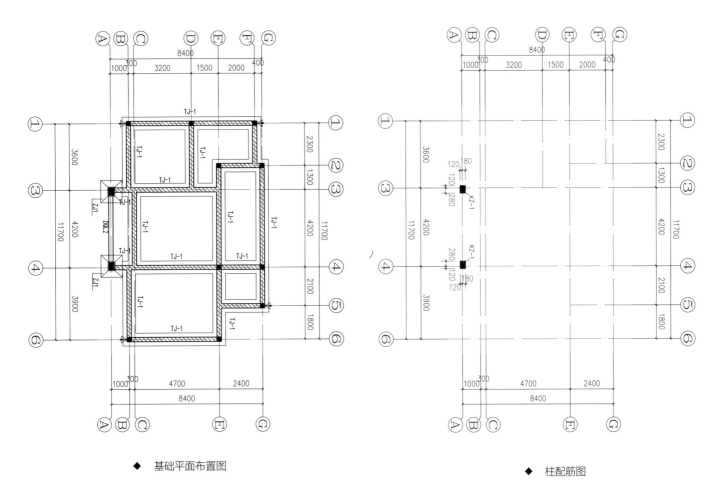

◆ 基础平面布置图

◆ 柱配筋图

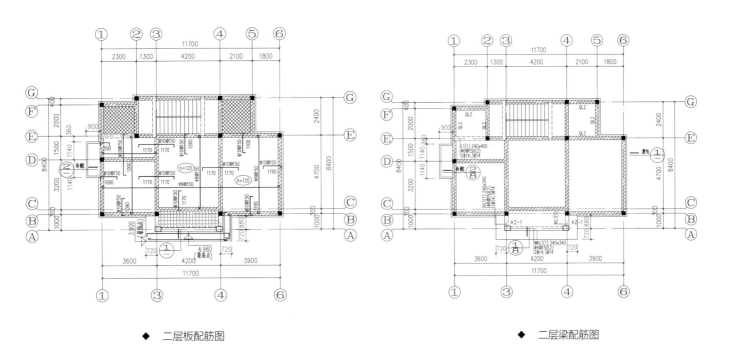

◆ 二层板配筋图

◆ 二层梁配筋图

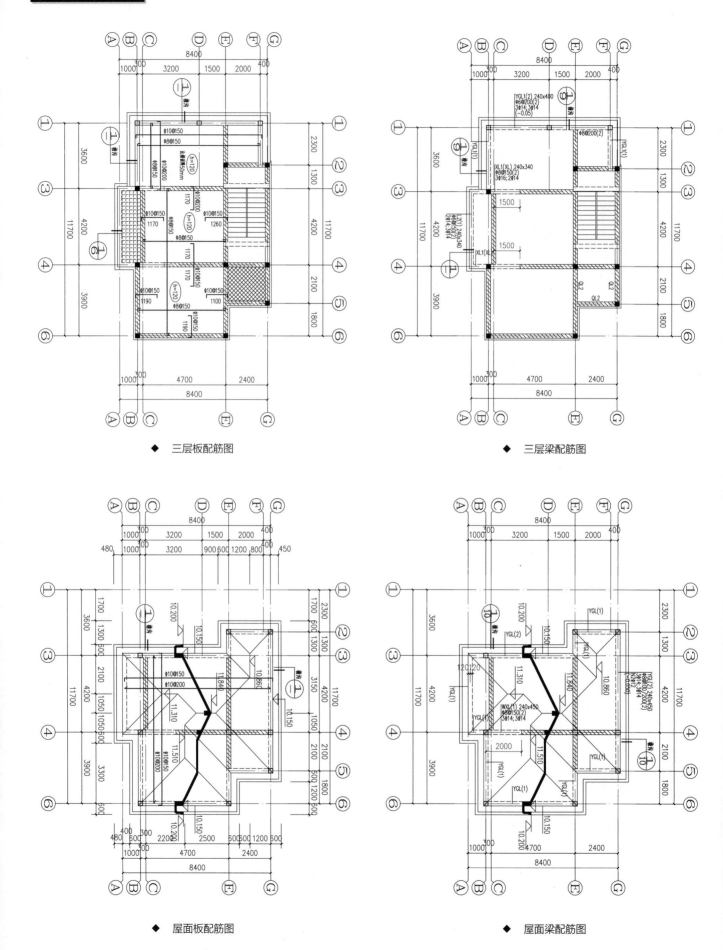

◆ 三层板配筋图

◆ 三层梁配筋图

◆ 屋面板配筋图

◆ 屋面梁配筋图

**给排水**

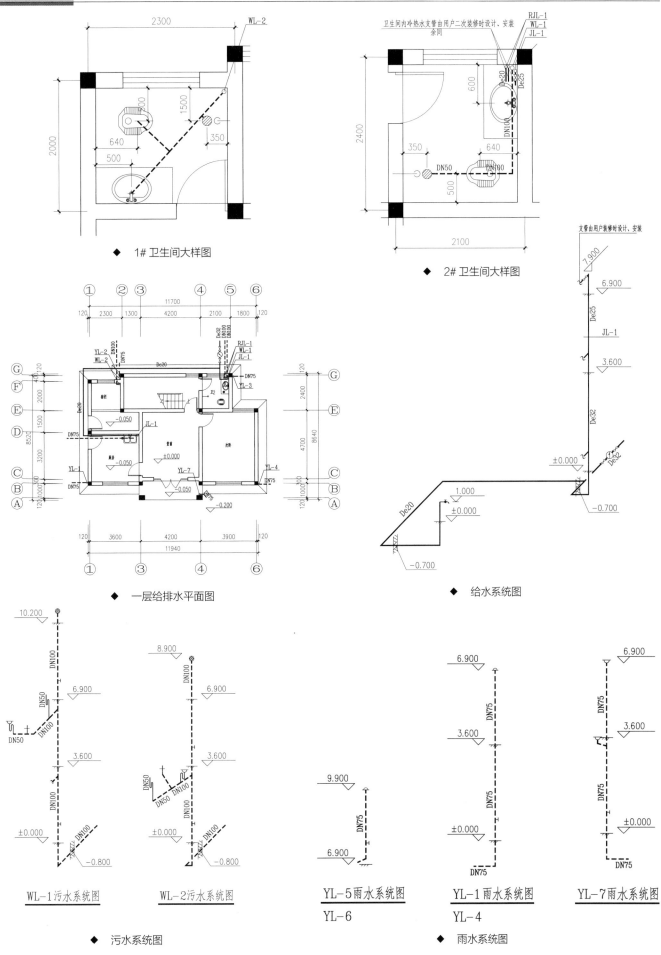

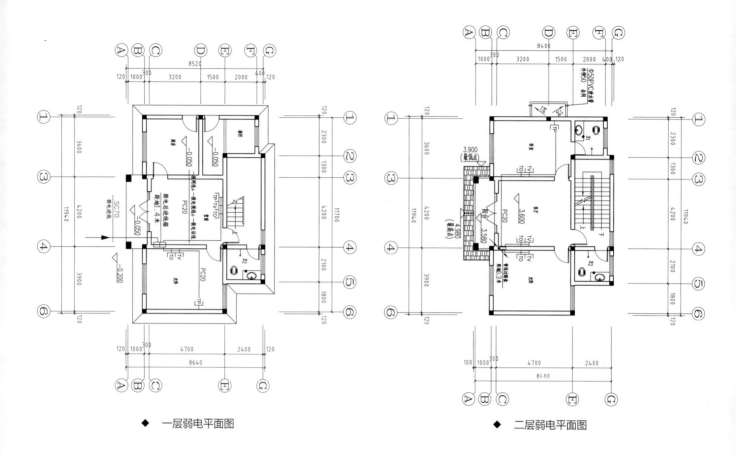

◆ 一层弱电平面图

◆ 二层弱电平面图

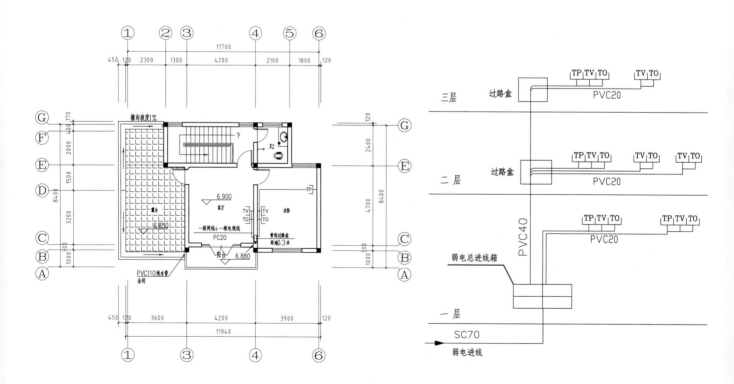

◆ 三层弱电平面图

◆ 弱电系统图

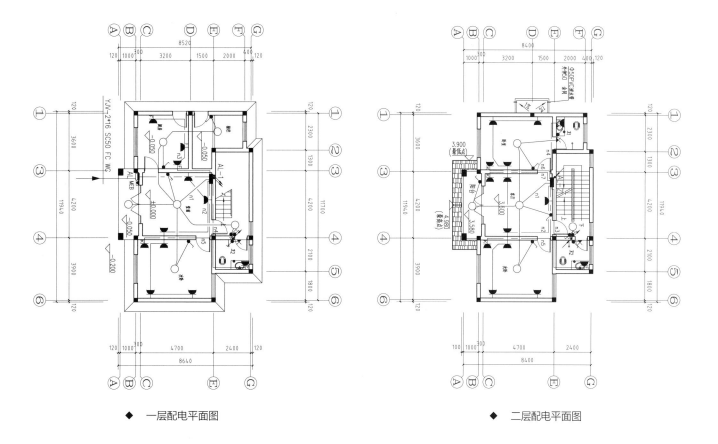

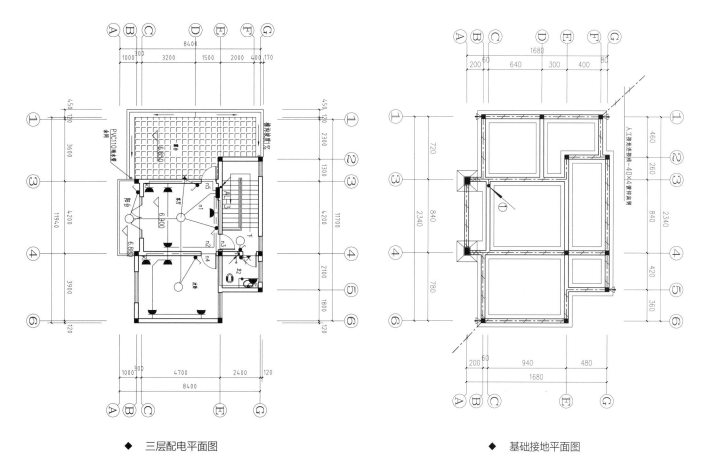

◆　一层配电平面图

◆　二层配电平面图

◆　三层配电平面图

◆　基础接地平面图

# 案例 10

本项目为单家独院式别墅，占地面积132m²，建筑高度8.2m。一层设有客厅、厨房、餐厅、主卧室、主卫、储藏间、两间卧室、卫生间；二层设有四间卧室和一个餐厅、卫生间、一个阳台。

本别墅平面功能分区明确，布置合理，动静分离，净污分离，居寝分离；平面布局简洁紧凑，使用方便，合理通畅，结构简单。

## 建 筑

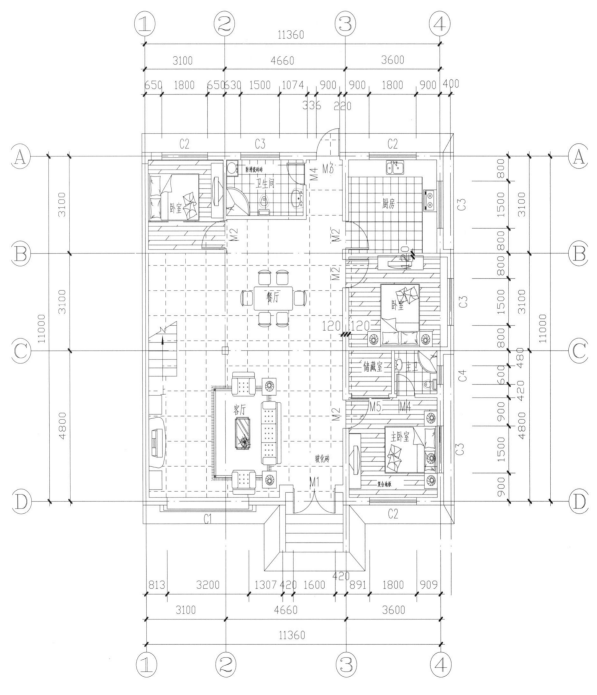

◆ 一层平面图

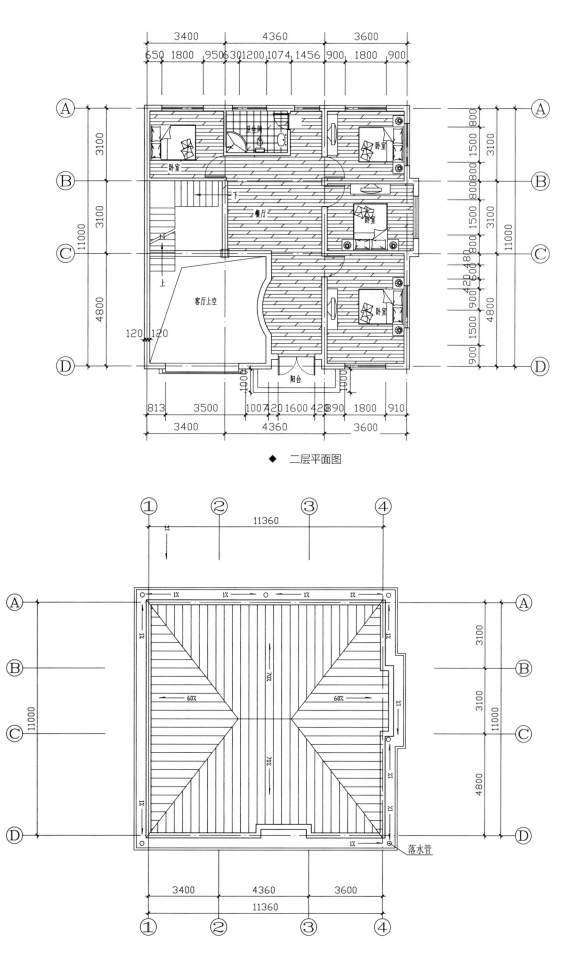

◆ 二层平面图

◆ 阁楼层平面图

◆ 1~4 立面图

◆ 1-1 剖面图

◆ D~A 轴立面图

◆ 4~1 轴立面图

**结构**

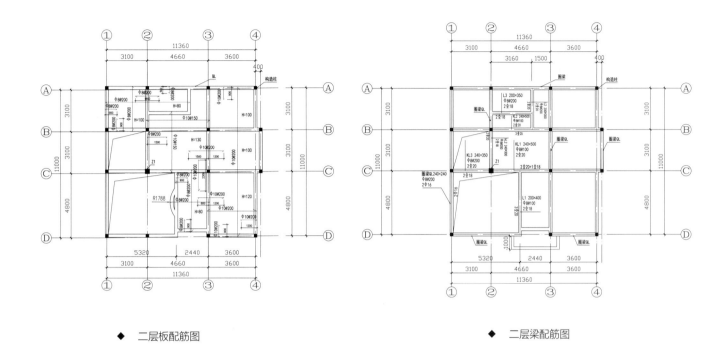

◆ 二层板配筋图

◆ 二层梁配筋图

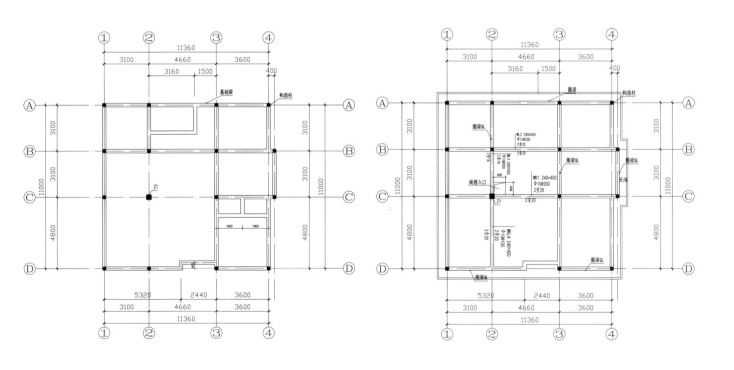

◆ 基础平面图

◆ 屋面梁配筋图

## 给排水

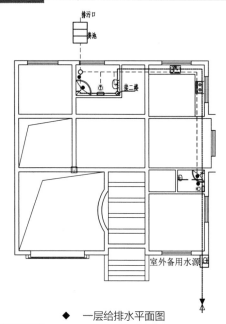

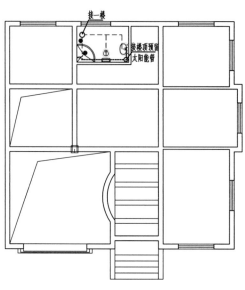

◆ 一层给排水平面图

◆ 二层给排水平面图

## 电

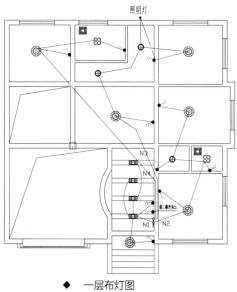

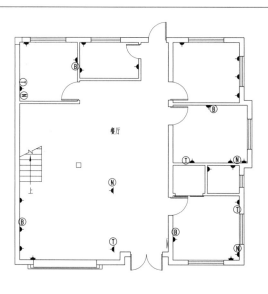

◆ 一层布灯图

◆ 一层插座图

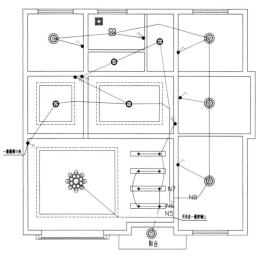

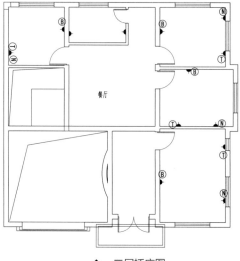

◆ 二层布灯图

◆ 二层插座图

# 案例 11

本项目是三层独栋别墅，占地面积125.10m²，用地面积137.9m²，总建筑面积410.45m²，建筑总高度12.14m。一层设有客厅、卧室、卫生间两间、车库、餐厅、厨房；二层设有客厅、四间卧室、两个卫生间、一个大阳台；三层设有主卧室、两间次卧室、两个卫生间、书房、喝茶室、两个大露台；并设有一个小阁楼层，空间功能自定。

该别墅采用混合结构，深色水泥瓦，三色面砖、白色和浅灰色外墙涂料，合理地安排了多重不同高度的屋顶，既冲淡了屋顶坡度所带来的流泻感，又使得屋顶在观感上更具冲击力。

## 建 筑

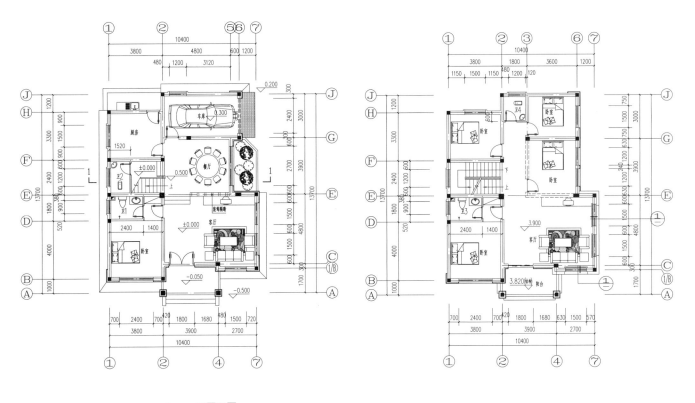

◆ 一层平面图　　　　　　　　　　　◆ 二层平面图

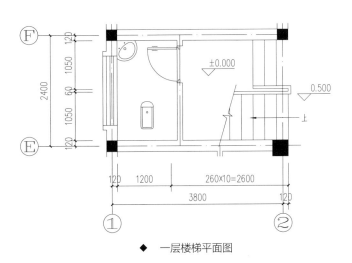

◆ 一层楼梯平面图

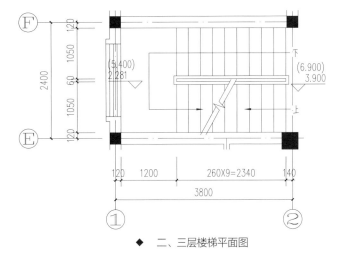

◆ 二、三层楼梯平面图

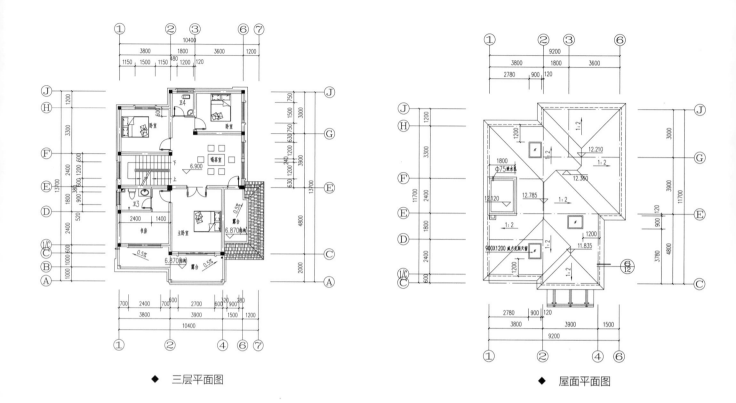

◆ 三层平面图

◆ 屋面平面图

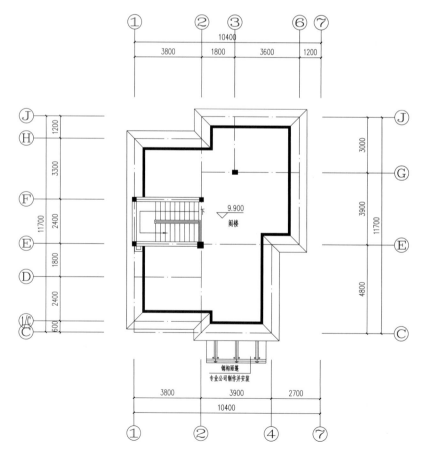

◆ 阁楼层平面图

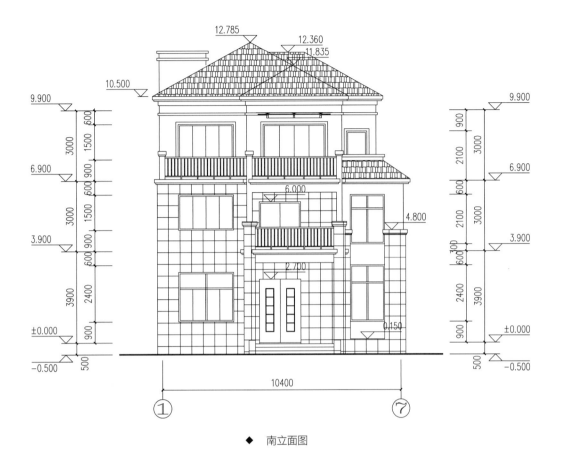

◆ 南立面图

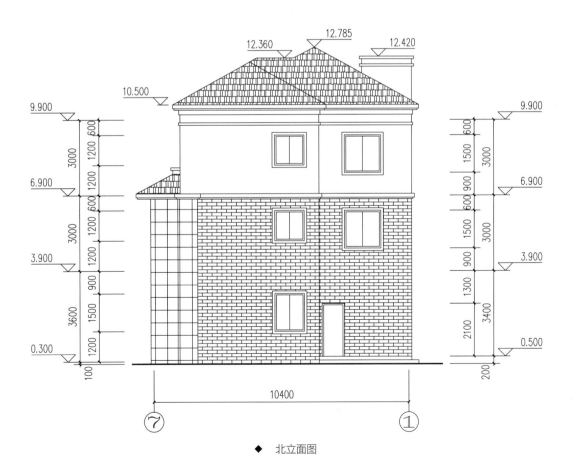

◆ 北立面图

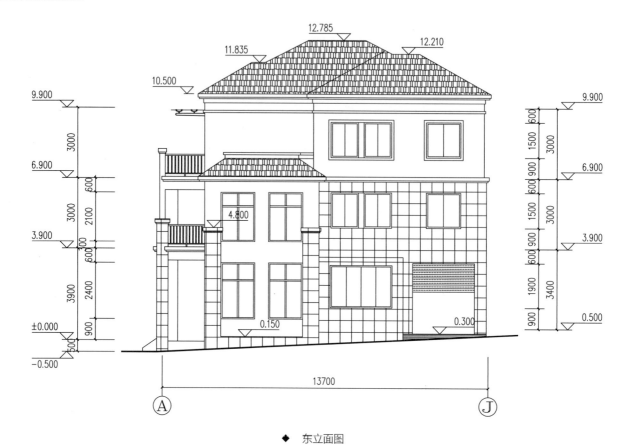

◆ 东立面图

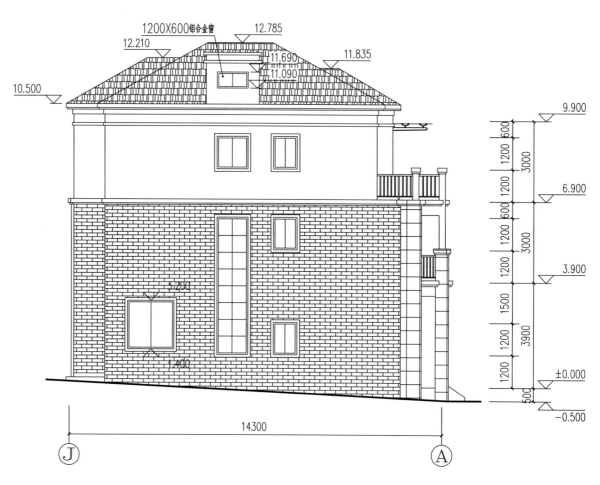

◆ 西立面图

## 结构

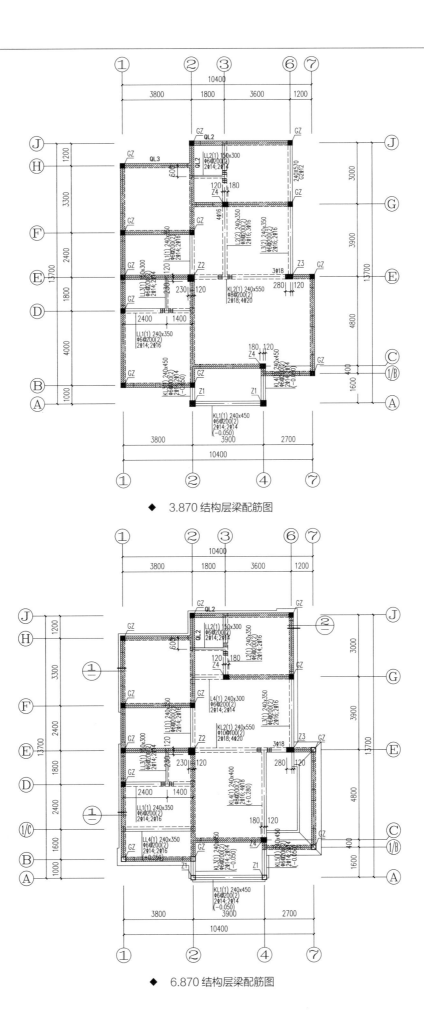

◆ 3.870 结构层梁配筋图

◆ 6.870 结构层梁配筋图

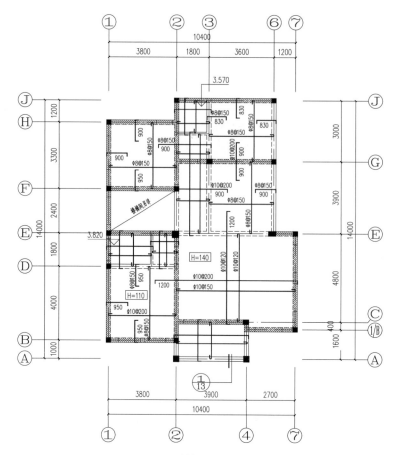

◆ 3.870 结构层梁配筋图

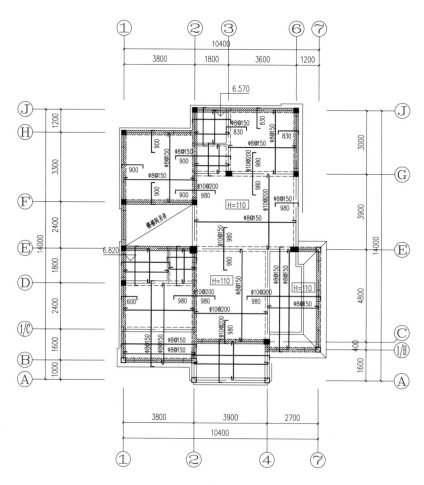

◆ 6.870 结构层梁配筋图

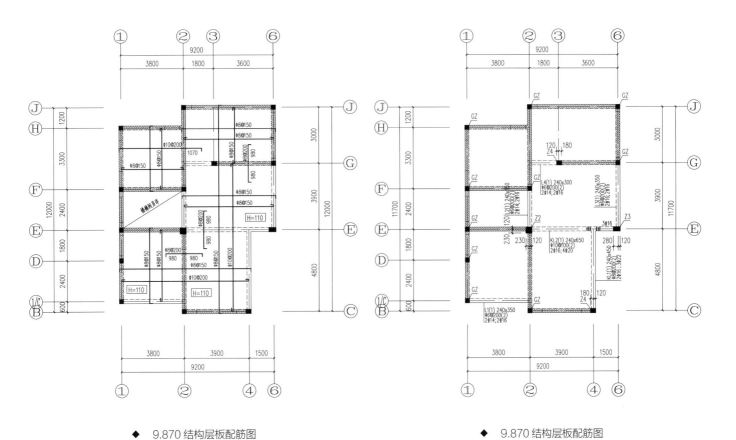

◆ 9.870 结构层板配筋图

◆ 9.870 结构层板配筋图

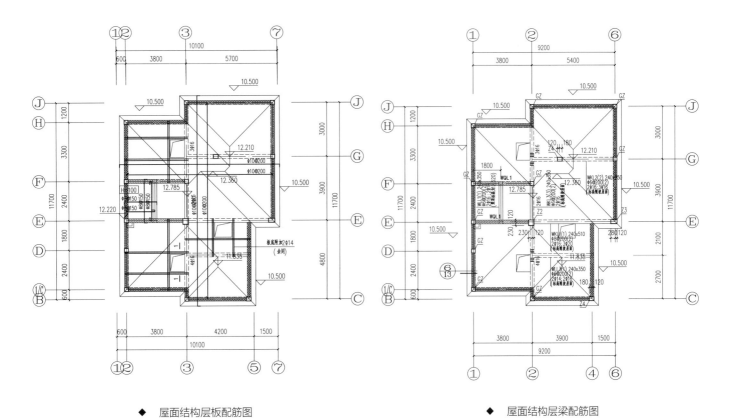

◆ 屋面结构层板配筋图

◆ 屋面结构层梁配筋图

## 给排水

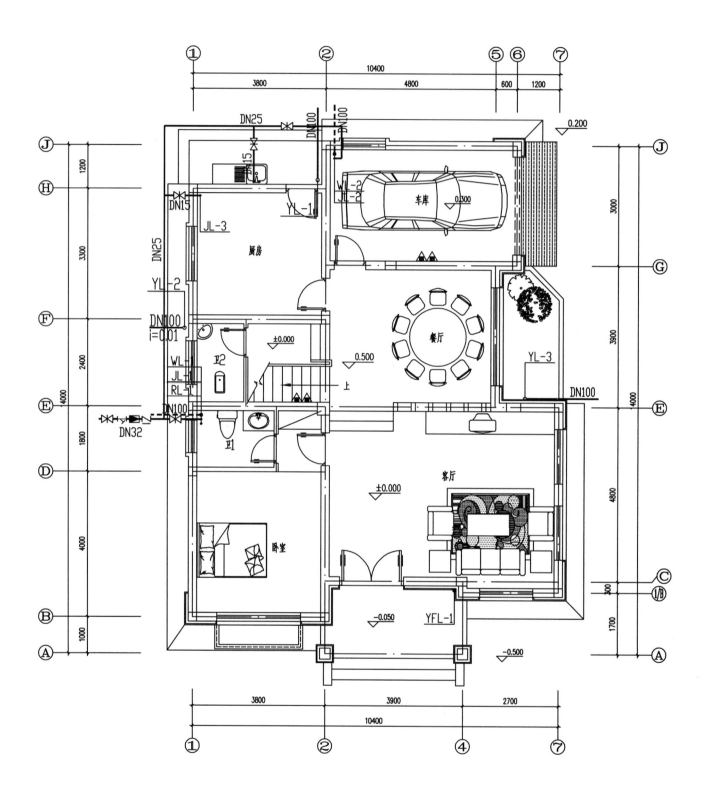

◆ 一层给排水平面图

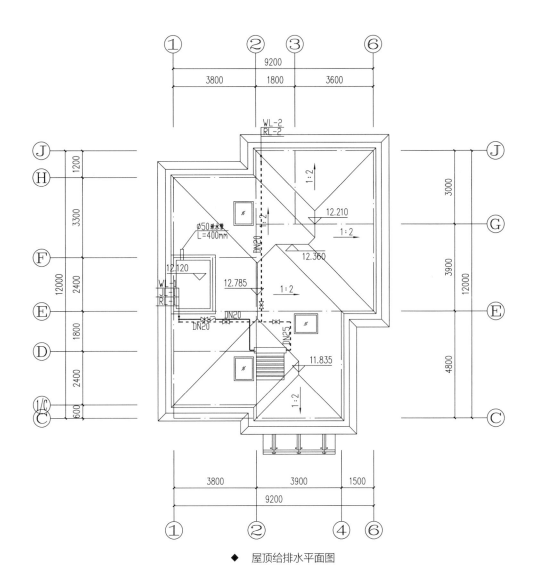

◆ 屋顶给排水平面图

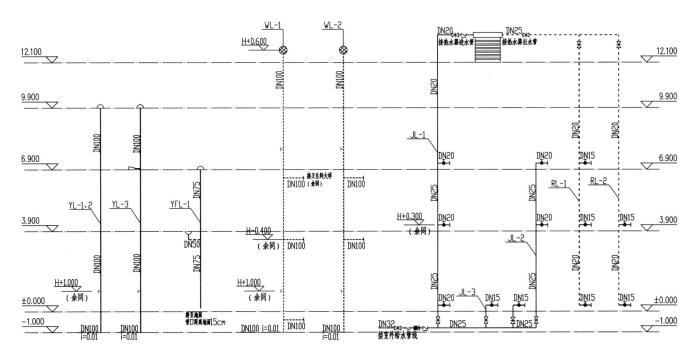

◆ 雨、污、废、给水系统原理图

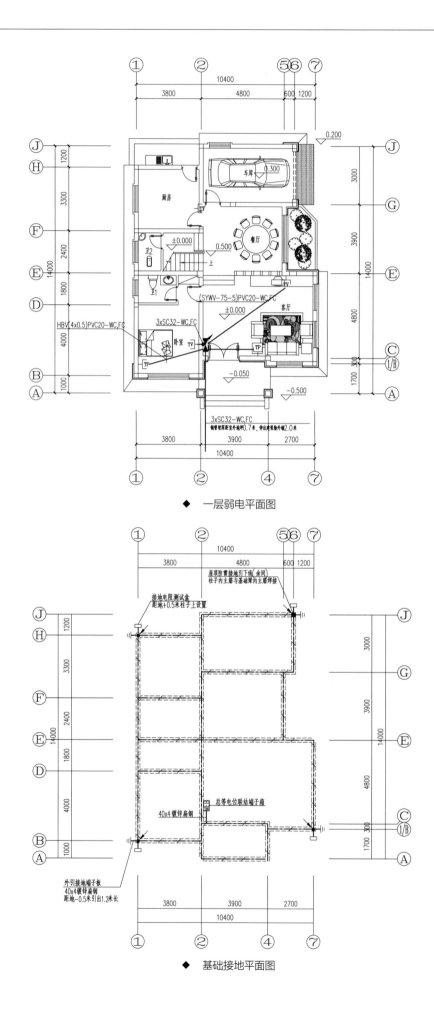

◆ 一层弱电平面图

◆ 基础接地平面图

**电**

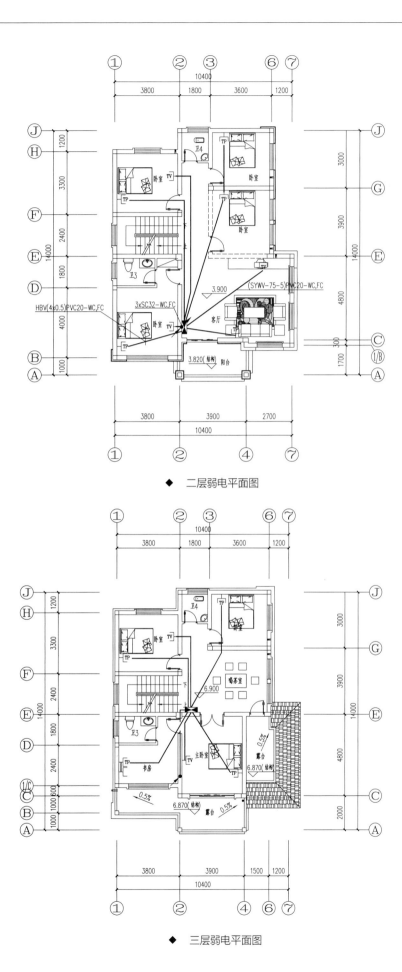

◆ 二层弱电平面图

◆ 三层弱电平面图

# 案例 12

## 建 筑

本项目为四层单门独院式别墅，占地面积121m²，建筑面积390m²，建筑高度13.04m。一层设有客厅、餐厅、厨房、洗衣间、储藏间；二层设有起居室、一楼悬空客厅、两间卧室、卫生间；三层设有起居室(带阳台)、卧室三间、卫生间、更衣室、书房；四层房间功能自定。

本别墅采用橙黄色立面的外观，简单几何形体的阳台，最顶部用深蓝色屋顶作为压轴，色彩处理恰到好处。在开窗上，大范围的幕墙使得别墅整体更通透，更具灵性，缓解了大面积实体墙面所造成的凝滞感。

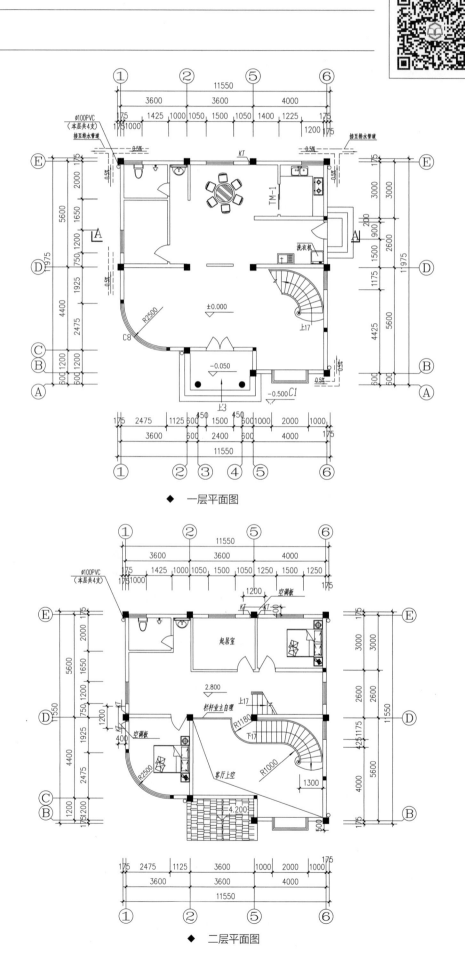

◆ 一层平面图

◆ 二层平面图

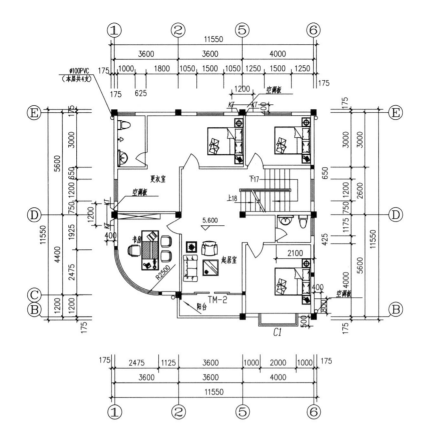

◆ 三层平面图

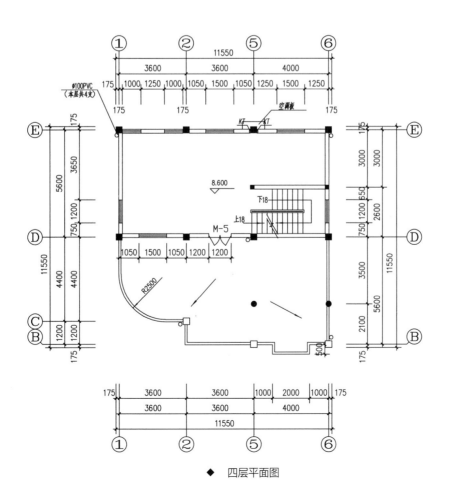

◆ 四层平面图

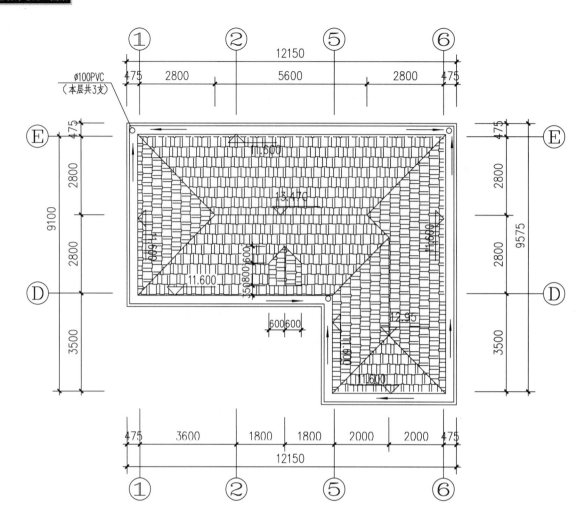

◆ 屋面平面图

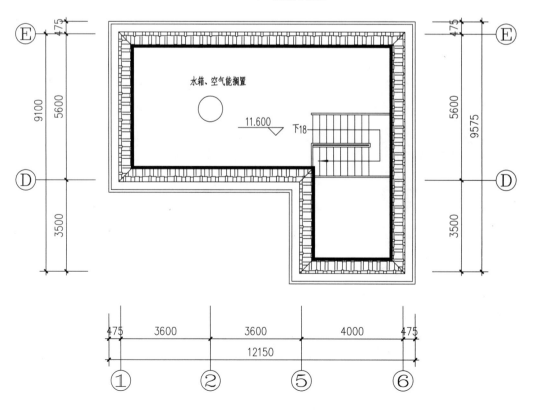

◆ 阁楼层平面图

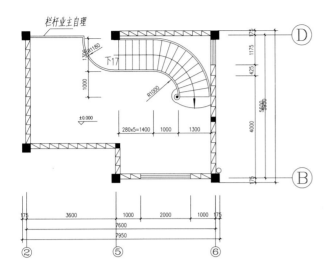

◆ 一层楼梯大样图

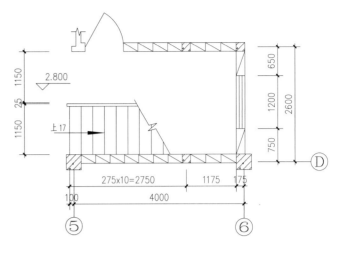

◆ 二层楼梯大样图

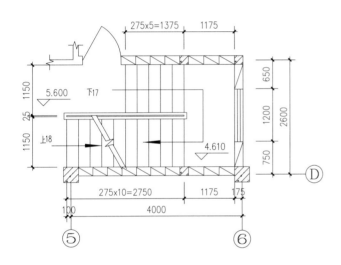

◆ 三层楼梯大样图

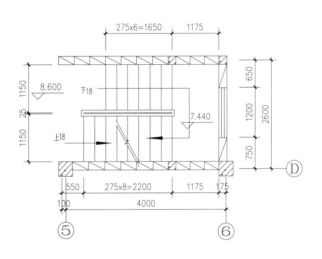

◆ 四层楼梯大样图

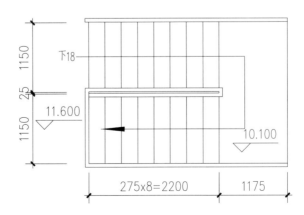

◆ 阁楼层楼梯大样图

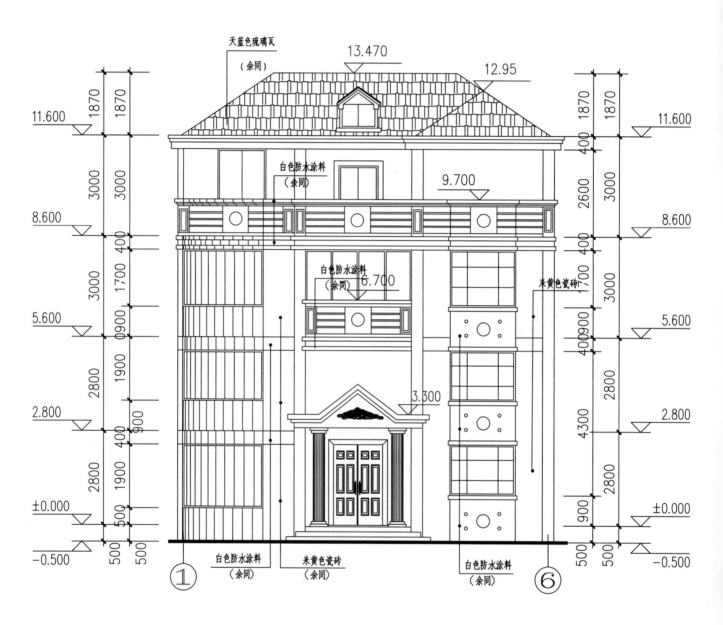

◆ 1~6 立面图

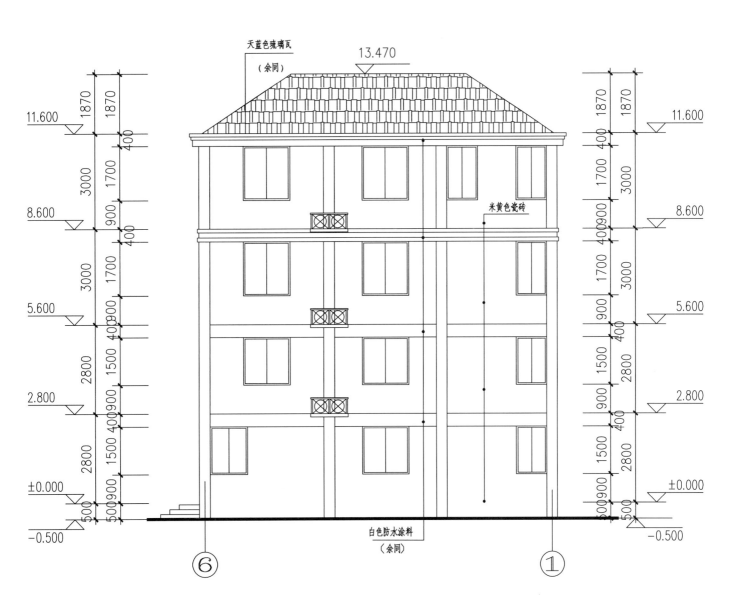

◆ 6~1 立面图

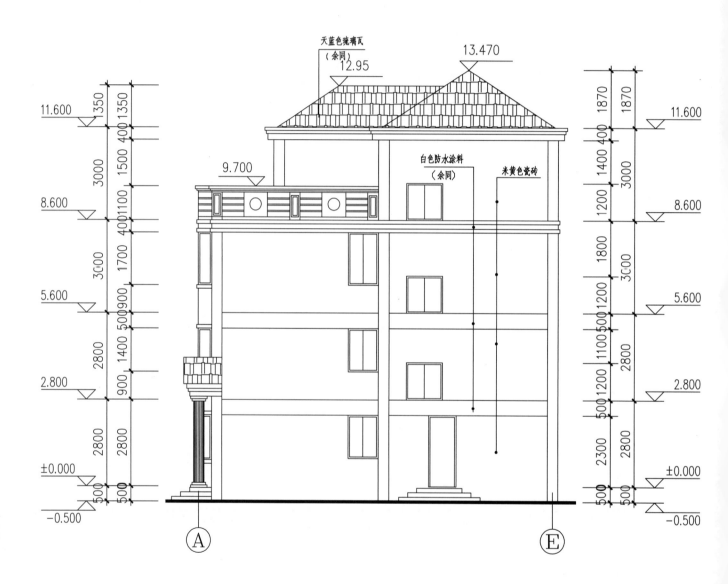

◆ A~E 立面图

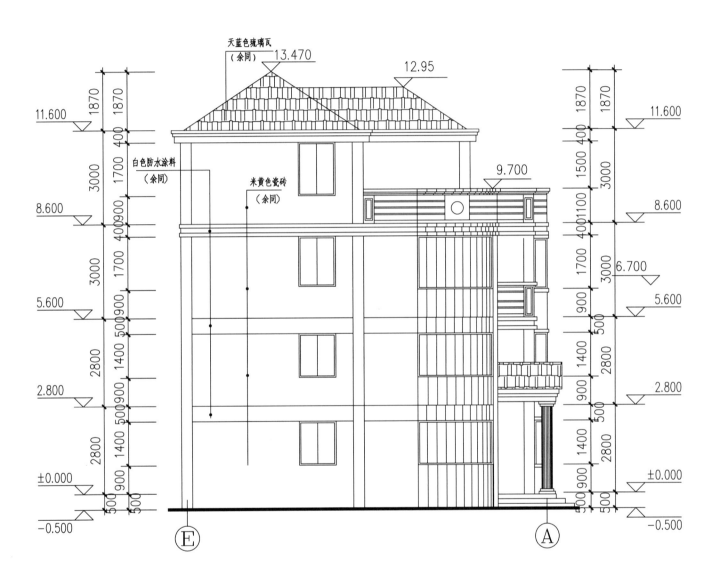

◆ E~A 立面图

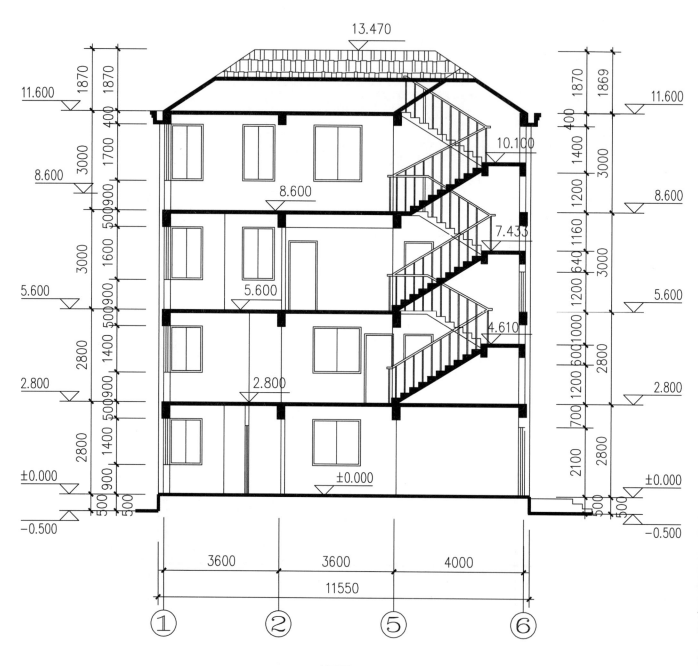

◆ A-A 剖面图

**结构**

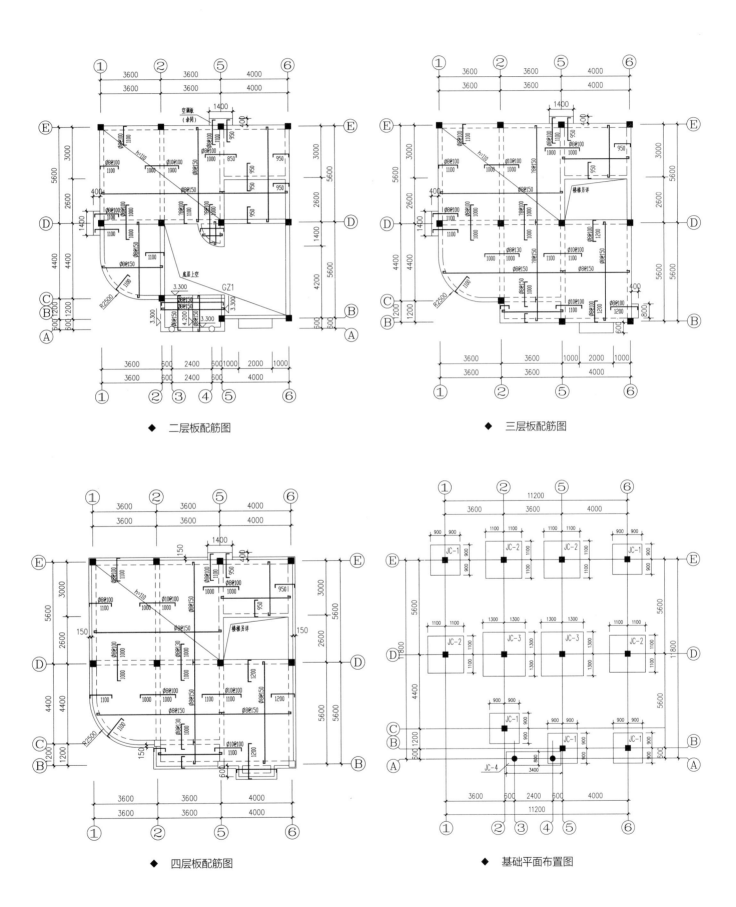

◆ 二层板配筋图

◆ 三层板配筋图

◆ 四层板配筋图

◆ 基础平面布置图

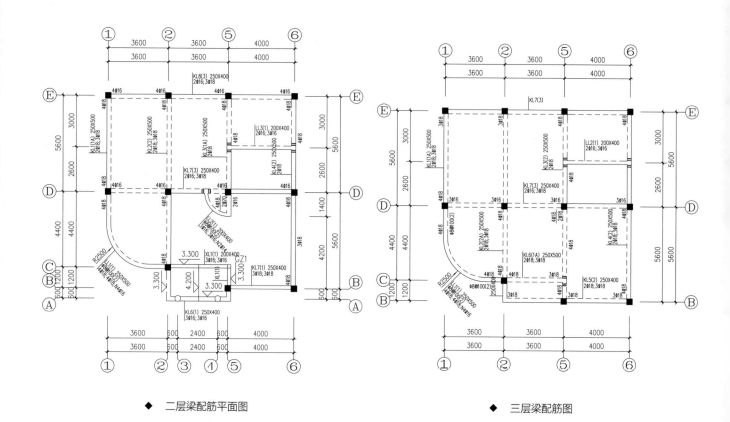

◆ 二层梁配筋平面图

◆ 三层梁配筋图

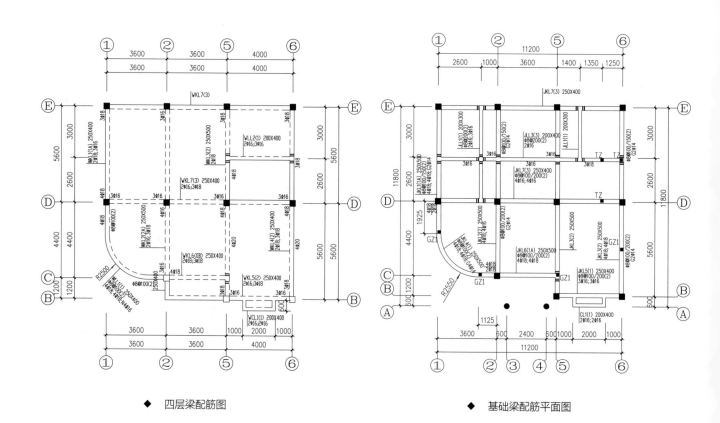

◆ 四层梁配筋图

◆ 基础梁配筋平面图

# 给排水

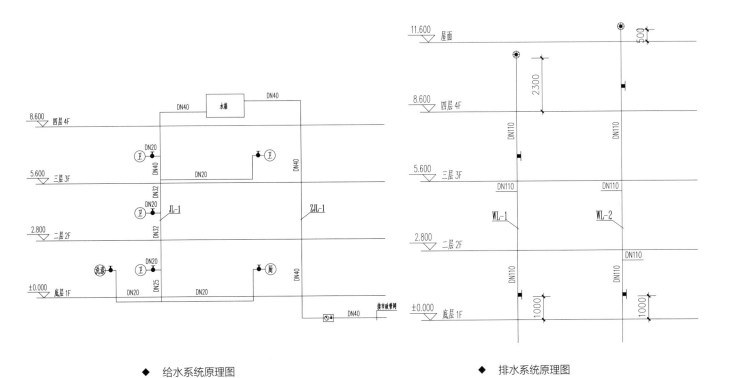

◆　给水系统原理图

◆　排水系统原理图

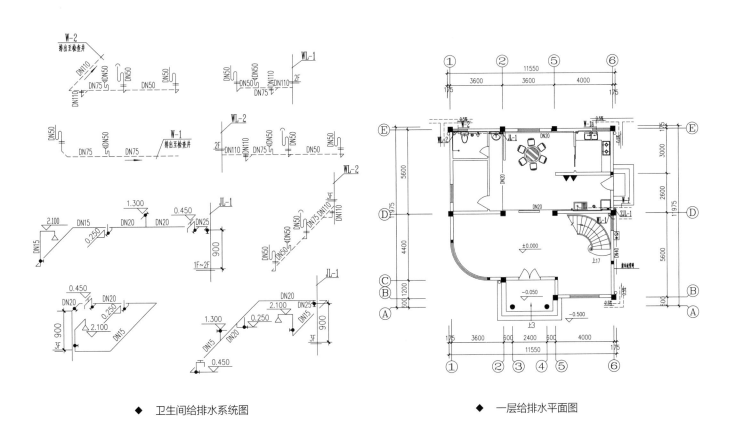

◆　卫生间给排水系统图

◆　一层给排水平面图

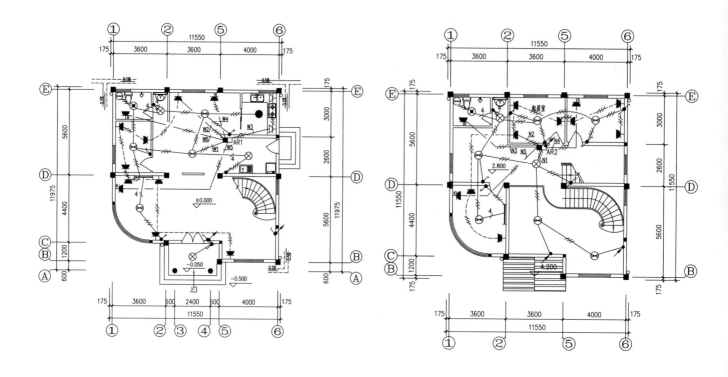

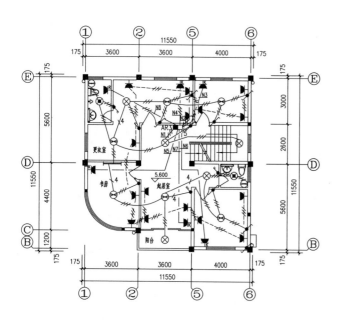

◆  一层强电平面图

◆  二层强电平面图

◆  三层强电平面图

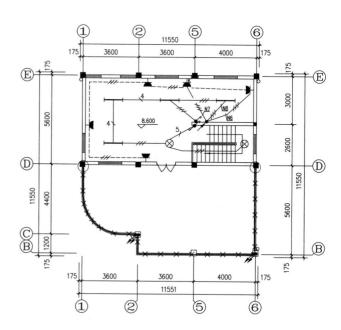

◆  四层强电平面图

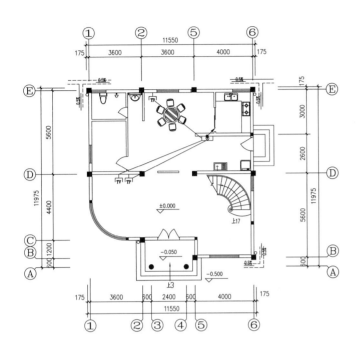

◆ 一层弱电平面图

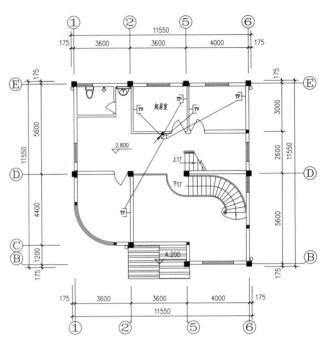

◆ 二层弱电平面图

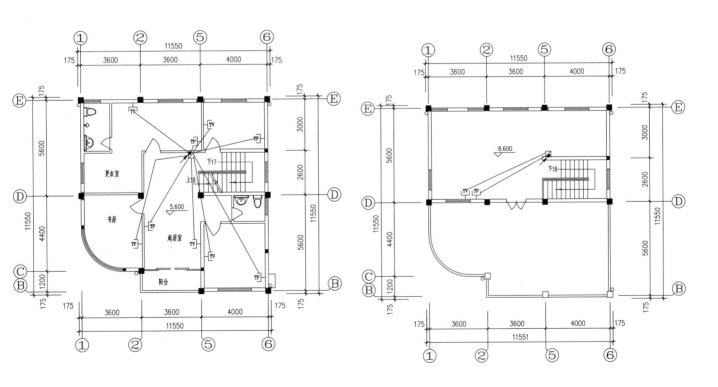

◆ 三层弱电平面图

◆ 四层弱电平面图

# 案例 13

本项目为四层新农村单门独院式别墅，占地面积106.27m²，建筑面积361.62m²，建筑总高度14.9m。一层设有客厅、餐厅、厨房、卧室、卫生间；二层设有客厅、三个卧室、卫生间；三层设有起居室、四间卧室、卫生间；四层设有两间卧室、卫生间、露台。

本别墅采用红色英红瓦贴斜坡屋面，外观造型古朴大方，俊俏挺拔，色彩清新淡雅，富有古色古香的韵味。

## 建 筑

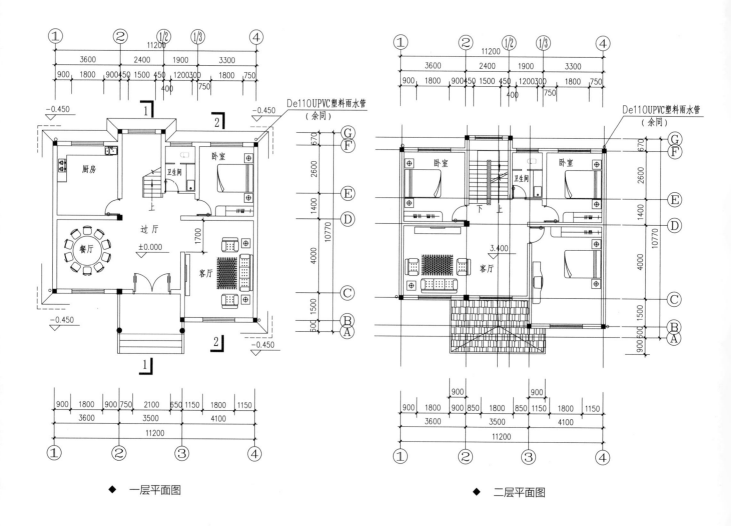

◆ 一层平面图　　　　　　　　◆ 二层平面图

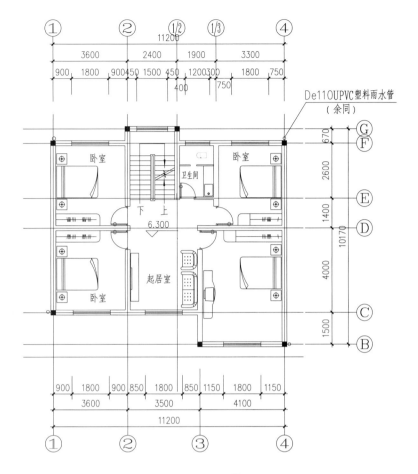

◆ 三层平面图

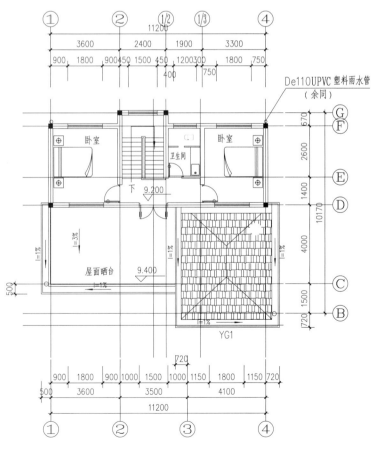

◆ 四层平面图

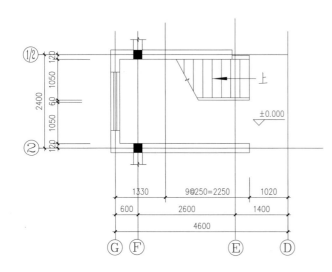

◆ 一层楼梯间平面图

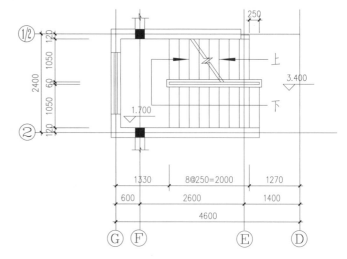

◆ 二层楼梯间平面图

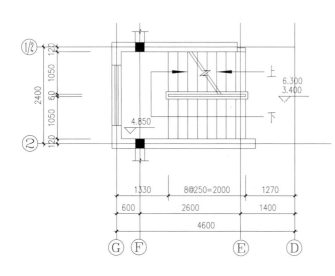

◆ 三层楼梯间平面图

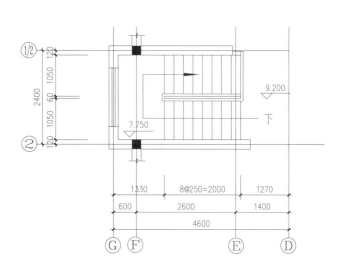

◆ 顶层楼梯间平面图

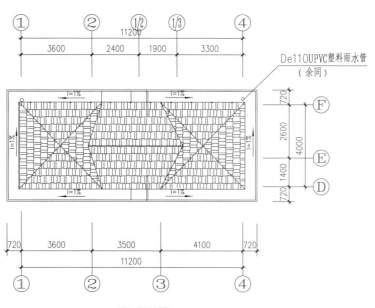

◆ 屋面平面图

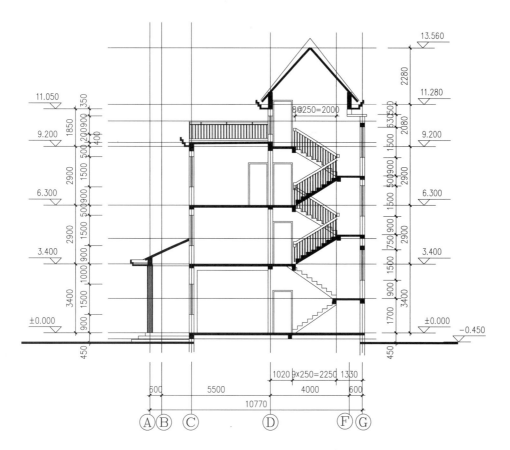

◆ 1-1 剖面图

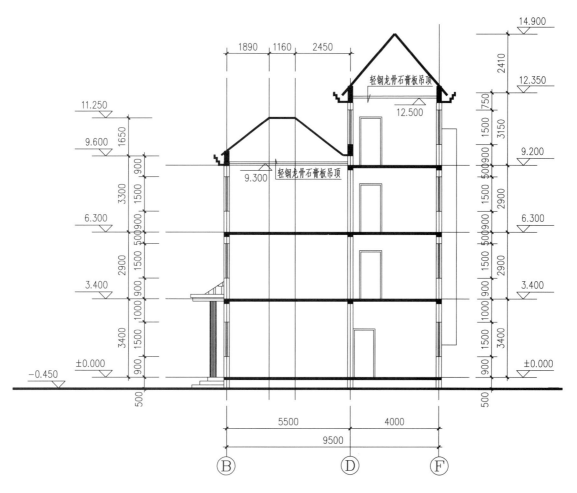

◆ 2-2 剖面图

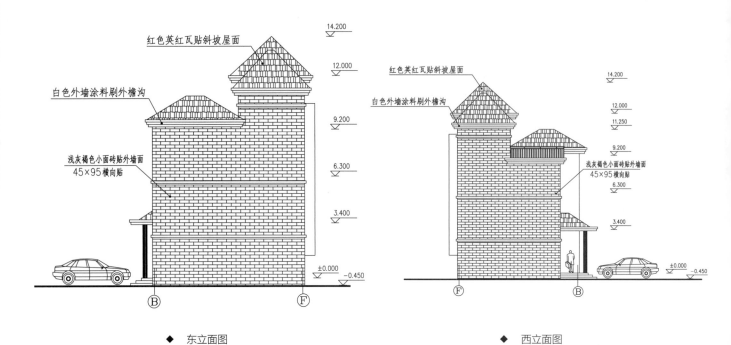

红色英红瓦贴斜坡屋面

白色外墙涂料刷外檐沟

浅灰褐色小面砖贴外墙面
45×95横向贴

14.200
12.000
9.200
6.300
3.400
±0.000
-0.450

◆ 东立面图

红色英红瓦贴斜坡屋面

白色外墙涂料刷外檐沟

浅灰褐色小面砖贴外墙面
45×95横向贴

14.200
12.000
11.250
9.200
6.300
3.400
±0.000
-0.450

◆ 西立面图

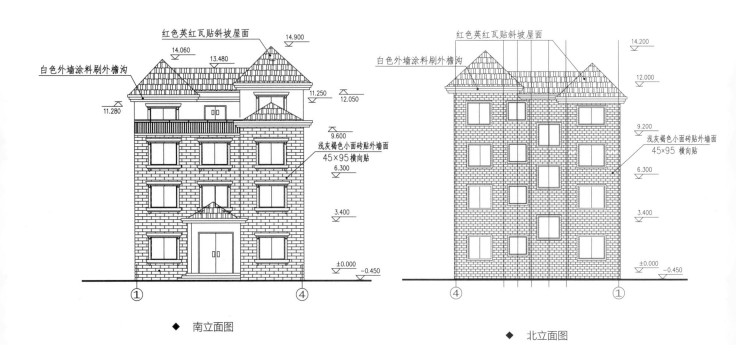

红色英红瓦贴斜坡屋面

白色外墙涂料刷外檐沟

浅灰褐色小面砖贴外墙面
45×95横向贴

14.900
14.060
13.480
12.050
11.280
11.250
9.600
6.300
3.400
±0.000
-0.450

◆ 南立面图

红色英红瓦贴斜坡屋面

白色外墙涂料刷外檐沟

浅灰褐色小面砖贴外墙面
45×95 横向贴

14.200
12.000
9.200
6.300
3.400
±0.000
-0.450

◆ 北立面图

# 结构

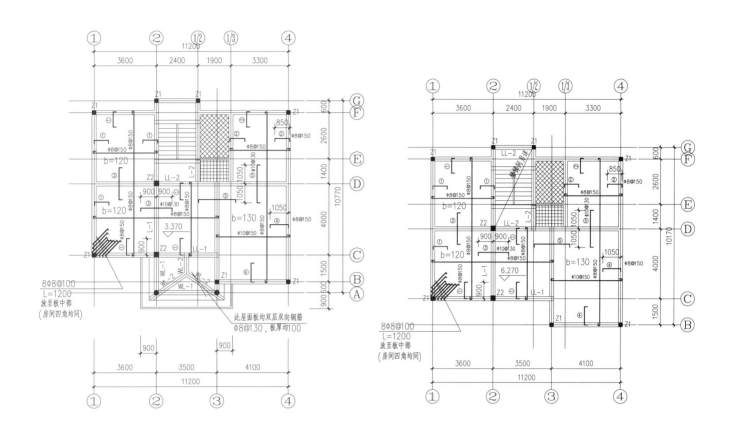

◆　二层结构平面图　　　　　　　　　　　　　◆　三层结构平面图

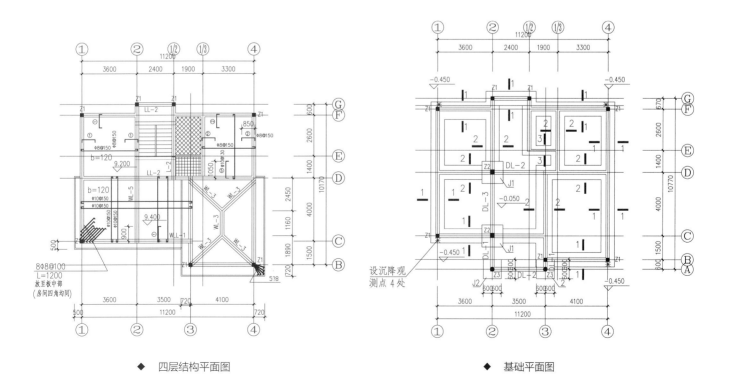

◆　四层结构平面图　　　　　　　　　　　　　◆　基础平面图

## 给排水

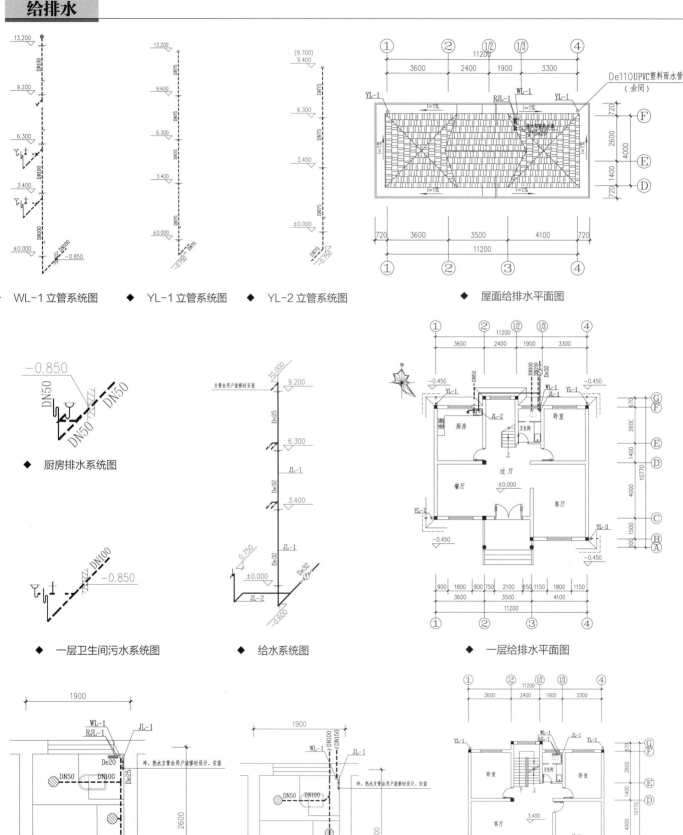

◆ WL-1立管系统图　　◆ YL-1立管系统图　　◆ YL-2立管系统图　　◆ 屋面给排水平面图

◆ 厨房排水系统图

◆ 一层卫生间污水系统图　　◆ 给水系统图　　◆ 一层给排水平面图

◆ 一层卫生间污水系统图　　◆ 一层卫生间污水系统图　　◆ 一层卫生间污水系统图

**电**

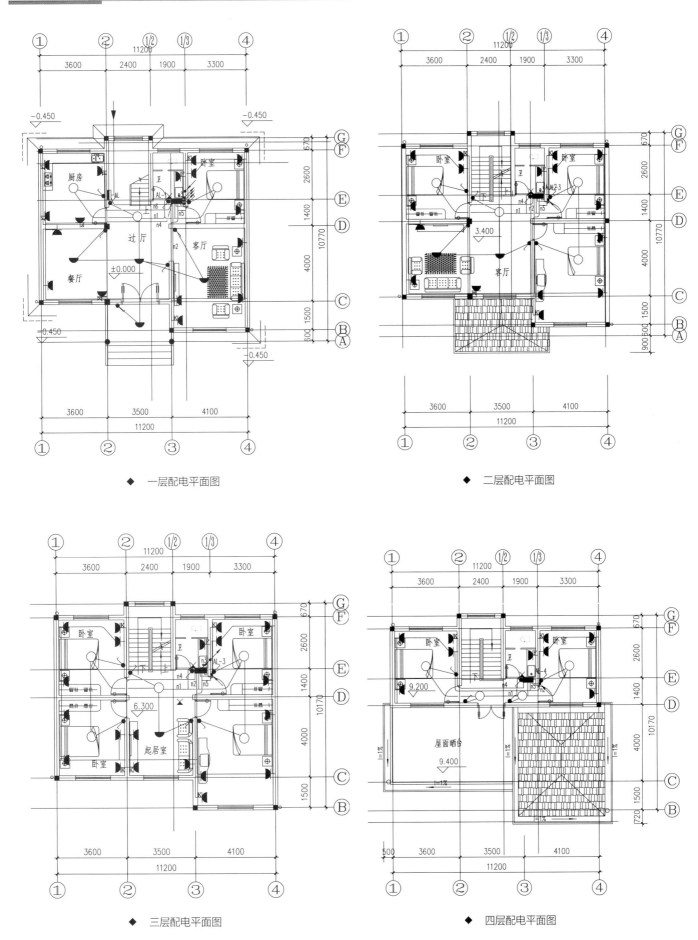

◆ 一层配电平面图

◆ 二层配电平面图

◆ 三层配电平面图

◆ 四层配电平面图

# 案例 14

## 建 筑

本项目为三层独栋别墅，砖混结构，总建筑面积558.1m²，占地面积190.9m²，檐口高度11.1m。第一层设有入口门厅、过厅、客厅、餐厅、厨房、老人房、客房、楼梯间、卫生间、储物间；二层设有茶室/娱乐室、健身房、两间卧室、悬空客厅空间、两个卫生间、一个更衣间、一个阳台；三层设有主卧室、起居室、祭祖房、两间卧室、三个卫生间、两个更衣室、洗衣间、一个大露台。

本别墅属于豪华欧式别墅，色泽明丽，外部独特的三段式经典层次赏心悦目，给人更加人性化的视野比例与居住体验。

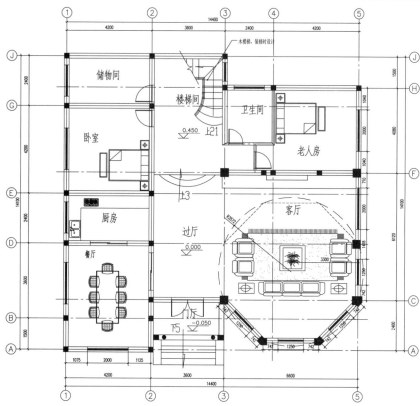

◆ 一层平面图

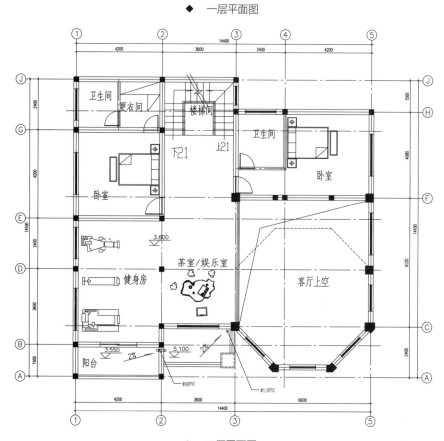

◆ 二层平面图

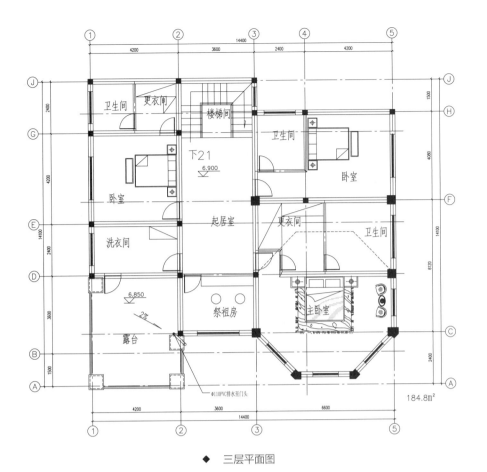

◆ 三层平面图

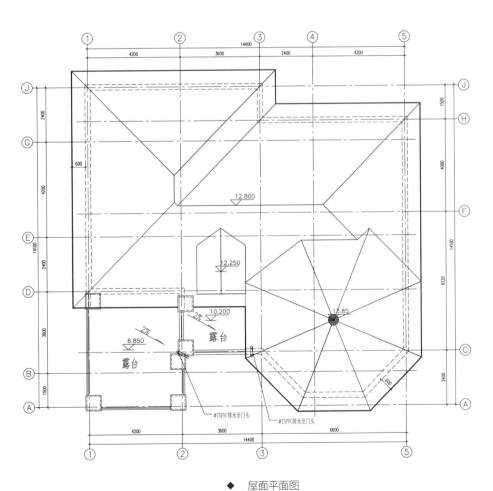

◆ 屋面平面图

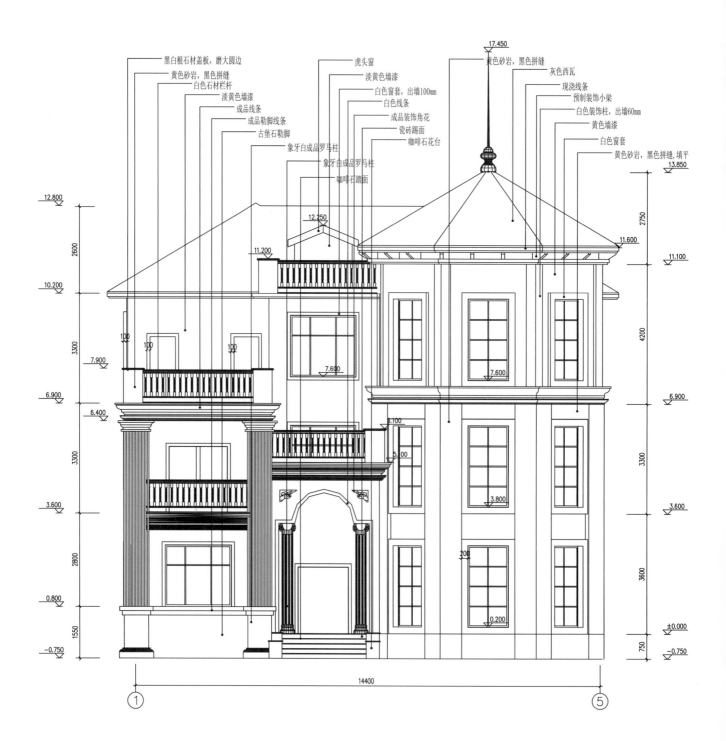

黑白根石材盖板，磨大圆边
黄色砂岩，黑色拼缝
白色石材栏杆
淡黄色墙漆
成品线条
成品勒脚线条
古堡石勒脚
象牙白成品罗马柱
象牙由成品罗马柱
咖啡石踏面

虎头窗
淡黄色墙漆
白色窗套，出墙100mm
白色线条
成品装饰角花
瓷砖踢面
咖啡石花台

17.450
黄色砂岩，黑色拼缝
灰色西瓦
现浇线条
预制装饰小梁
白色装饰柱，出墙60mm
黄色墙漆
白色窗套
黄色砂岩，黑色拼缝，填平
13.850

◆ 正立面图

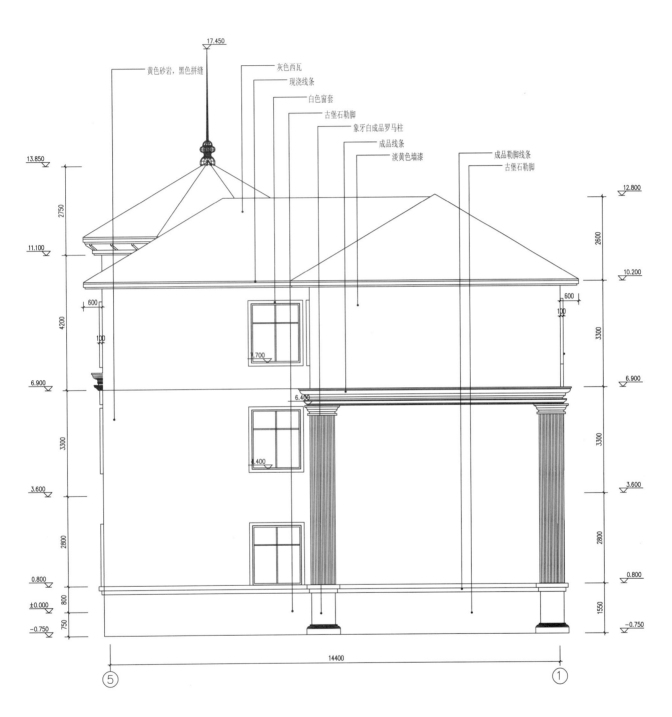

黄色砂岩, 黑色拼缝

灰色西瓦

现浇线条

白色窗套

古堡石勒脚

象牙白成品罗马柱

成品线条

淡黄色墙漆

成品勒脚线条

古堡石勒脚

17.450

13.850

2750

11.100

4200

100

600

6.900

3300

3.600

2800

0.800

800

±0.000

750

-0.750

12.800

2600

10.200

600

100

3300

6.900

6.400

3.700

3.400

3300

3.600

2800

0.800

1550

-0.750

14400

⑤                    ①

◆ 背立面图

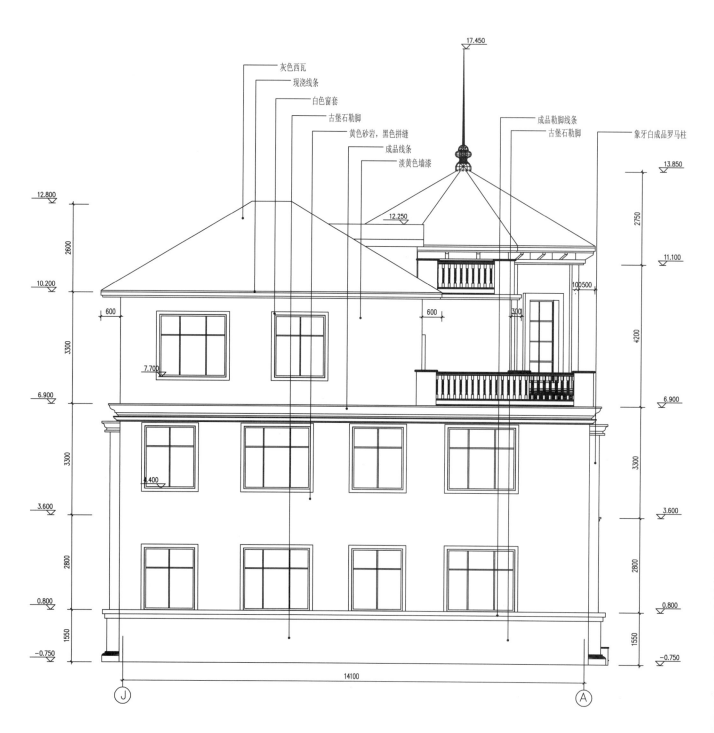

灰色西瓦
现浇线条
白色窗套
古堡石勒脚
黄色砂岩，黑色拼缝
成品线条
漆黄色墙漆
成品勒脚线条
古堡石勒脚
象牙白成品罗马柱

17.450

13.850

12.800

12.250

11.100

2600

10.200

2750

7.700

600

600

300

100500

4200

6.900

3300

6.900

4.400

3300

3.600

3.600

0.800

2800

2800

0.800

1550

-0.750

1550

-0.750

14100

Ⓙ

Ⓐ

◆ 左立面图

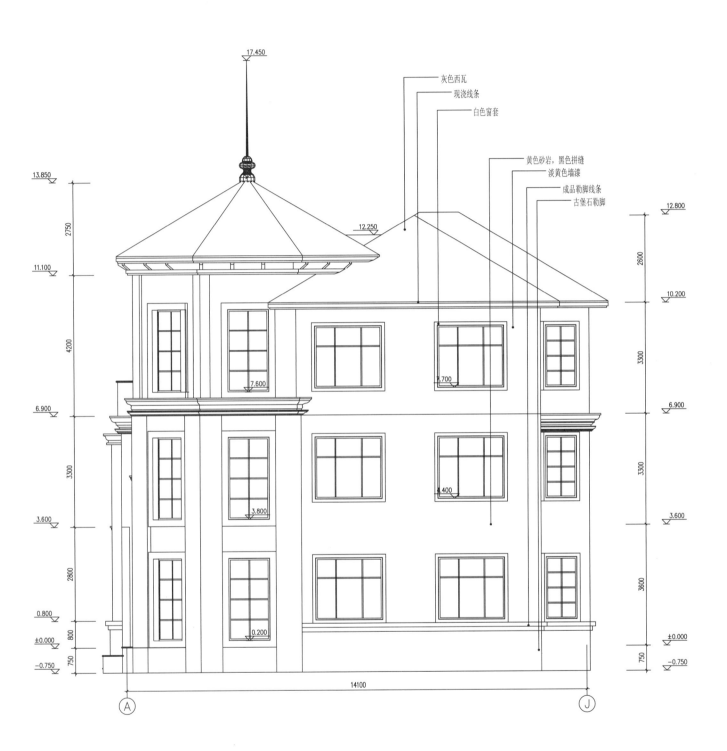

灰色西瓦
现浇线条
白色窗套

黄色砂岩,黑色拼缝
淡黄色墙漆
成品勒脚线条
古堡石勒脚

17.450

13.850

2750

11.100

4200

6.900

3300

3.600

2800

0.800
±0.000    800

-0.750    750

12.250

7.600

7.700

3.800

0.200

12.800

2600

10.200

3300

6.900

3300

3.600

3600

1.400

±0.000

-0.750    750

14100

A                                                    J

◆  右立面图

## 结构

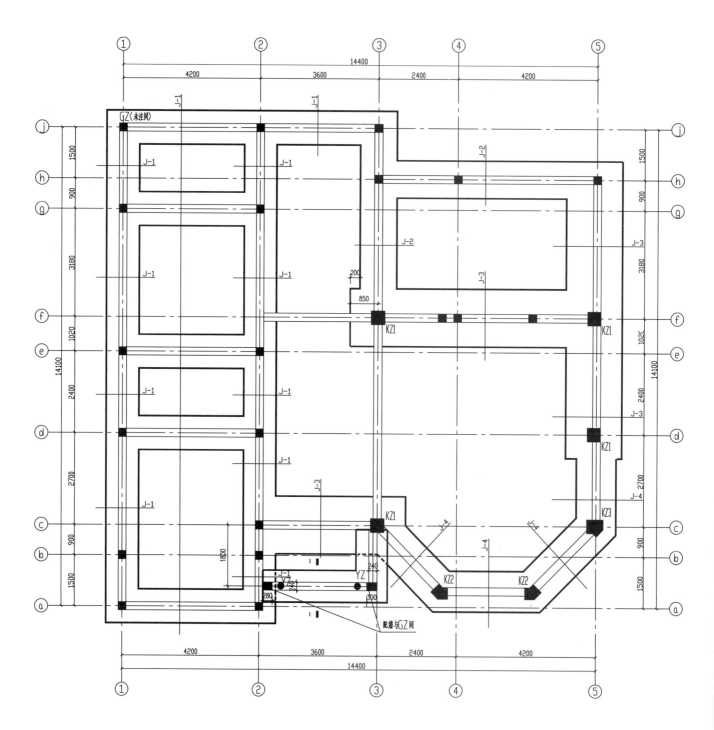

◆ 基础配筋图

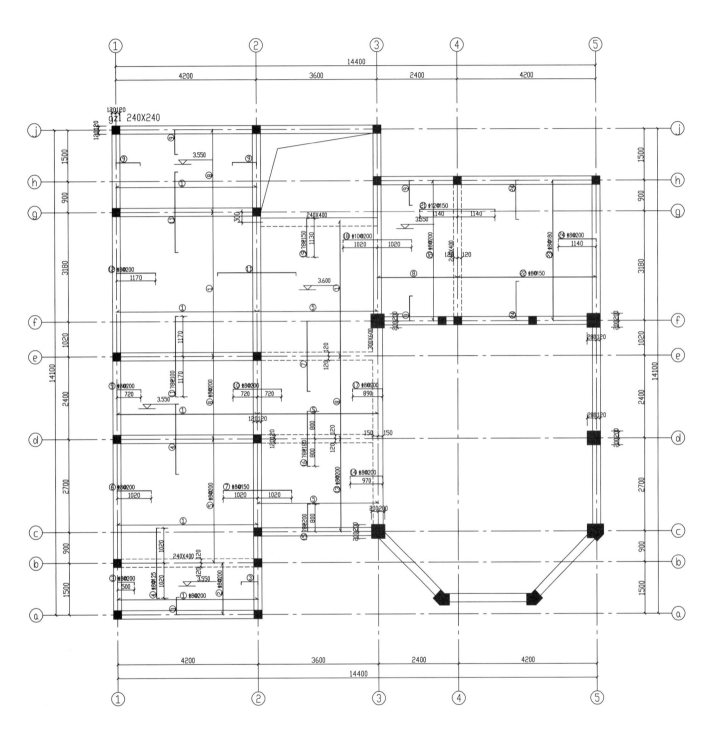

◆ 标高 3.6m 配筋图

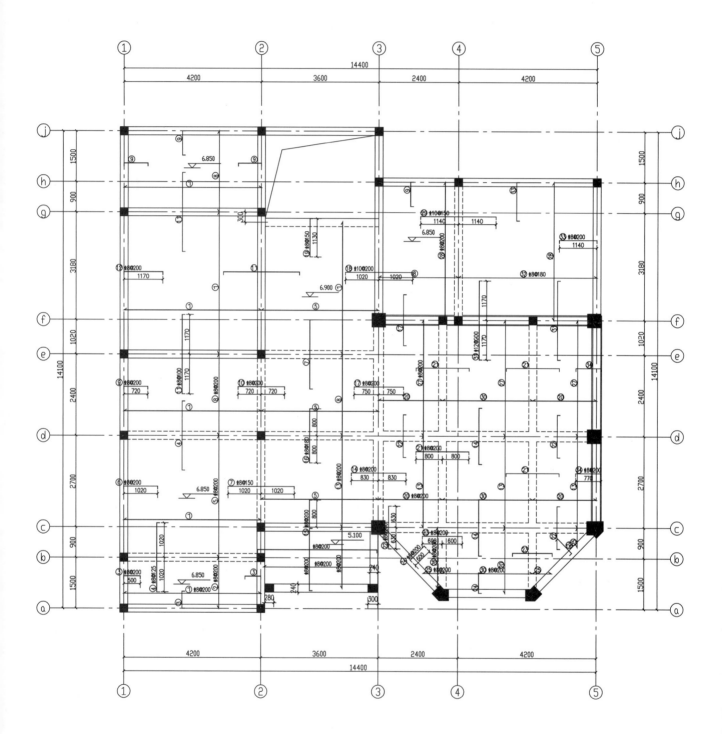

◆ 标高 6.9m 配筋图

# 案例 15

本项目为砖混结构别墅，建筑面积596.87m²，建筑层数为三层，檐口高度11.7m。一层建筑面积226.68m²，有车库、堂屋、厨房、起居厅、卫生间；二层建筑面积217.36m²，有起居厅、厨房、主卧、露台、书房、两个卧室；三层建筑面积152.83m²，有健身房、主卧、露台、阳台、两个次卧、两个卫生间。

该别墅采用中西结合的风格，坡屋顶错落有致，古典与现代设计结合，重檐结合大开窗，令人耳目一新。

## 建 筑

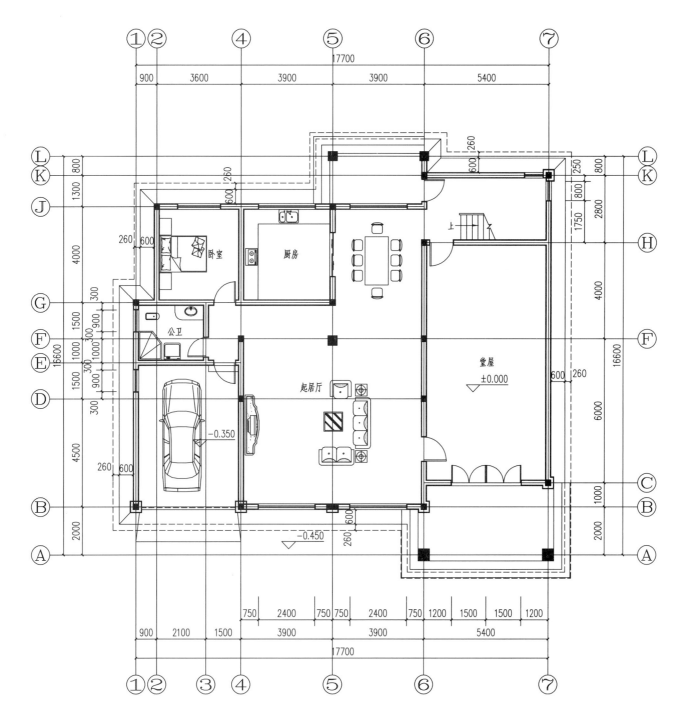

◆ 一层平面图

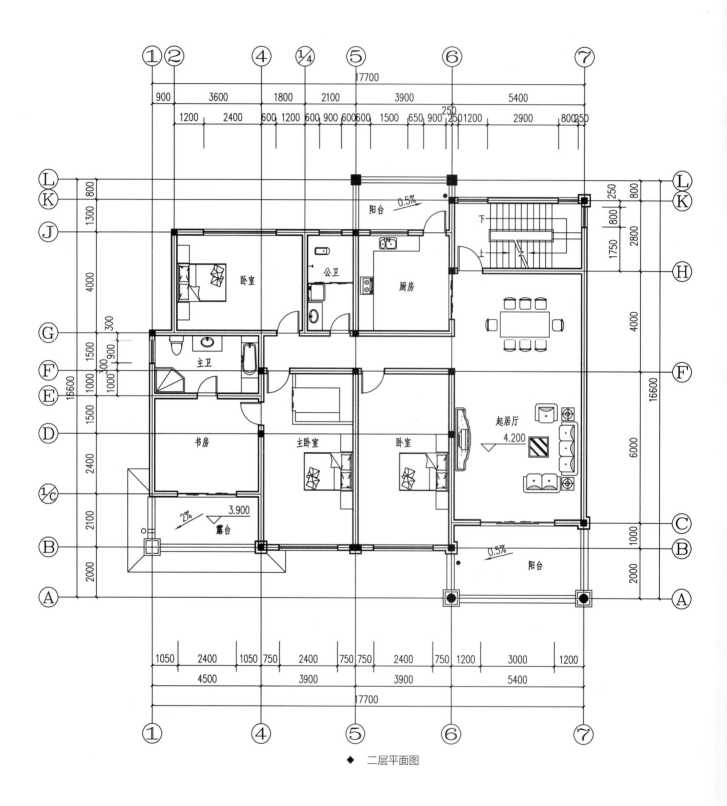

◆ 二层平面图

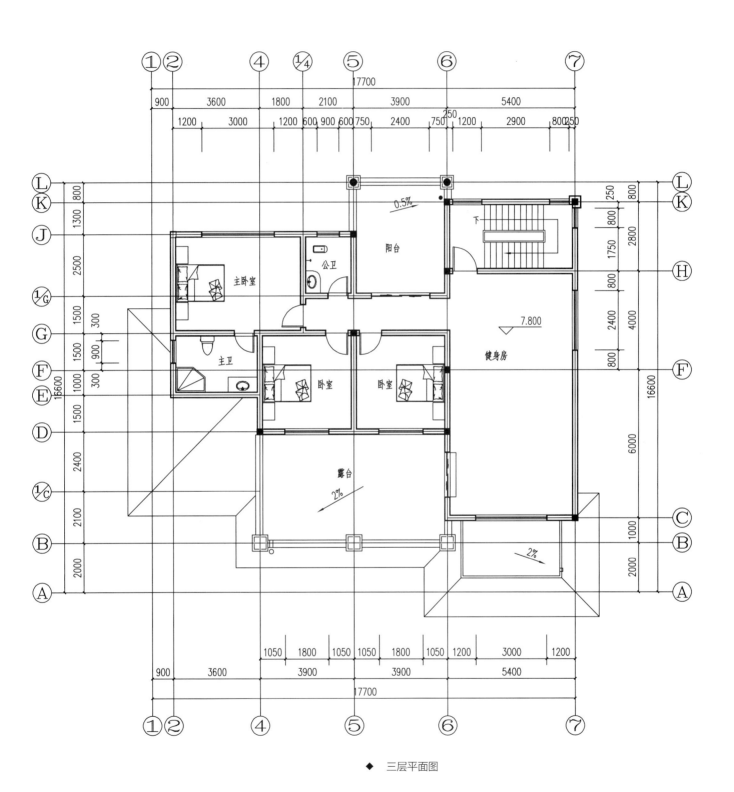

◆ 三层平面图

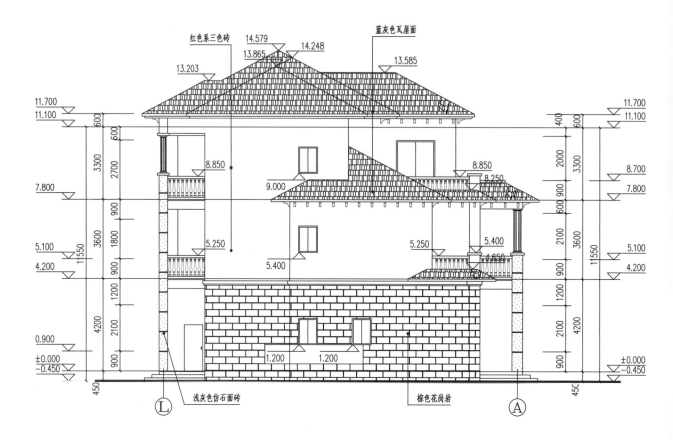

◆ L~A 轴立面图

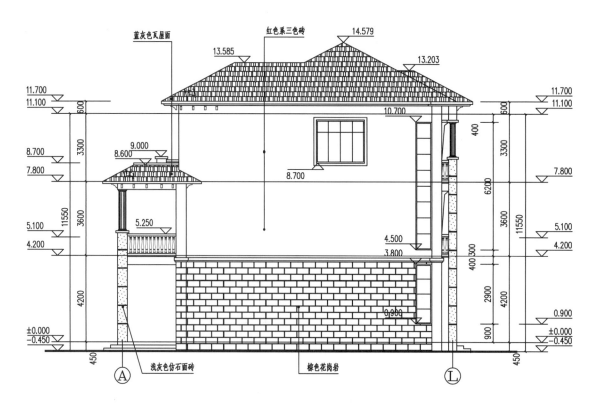

◆ A~L 轴立面图

◆ 1~7 轴立面图

◆ 7~1 轴立面图

# 案例 16

本项目为两层独栋别墅，占地面积140.104m²，檐口高度6.9m；一层设客厅、餐厅、厨房、堂屋、卫生间一间、储藏室、汽车通道；二层设有卧室两间、卫生间两间、书房、一个大阳台和露台。

该别墅在建筑立面和屋顶设计上，保留了典型的西班牙元素，去除了一些不必要的装饰，使用简单的毛石、白色贴面砖、红瓦屋顶、罗马栏柱，最终使得该户型风格别致而不至于奢华。

## 建 筑

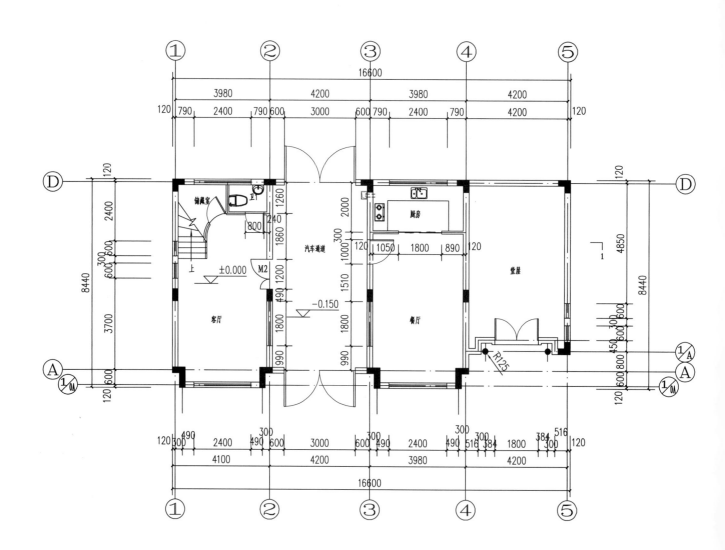

◆ 一层平面图

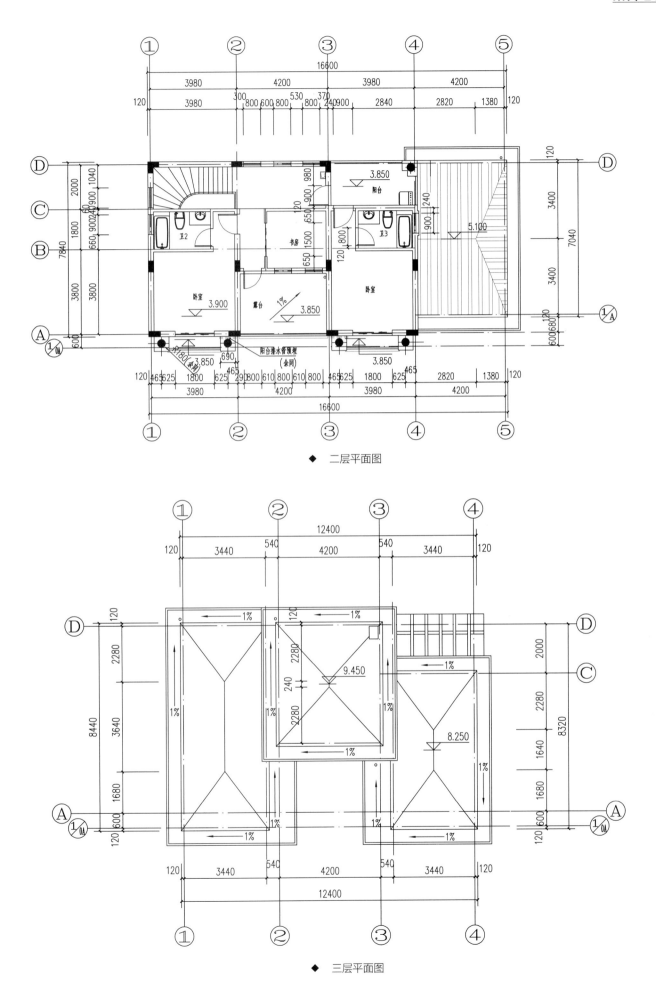

◆ 二层平面图

◆ 三层平面图

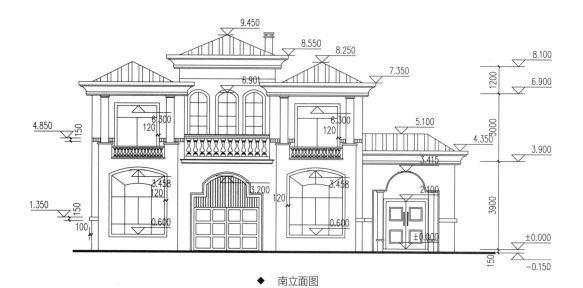

◆ 南立面图

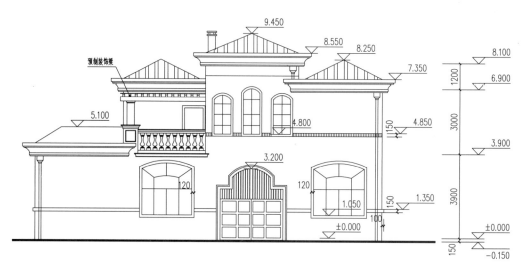

◆ 北立面图

◆ 西立面　　　　　　　　　　◆ 东立面

# 案例 17

## 建 筑

本项目为砖混结构别墅，建筑占地面积为130m²，建筑面积为310m²，建筑最高处12m。一层有客厅、餐厅、厨房、储藏室、卫生间；二层有卫生间、三间卧室；三层有阳台、卫生间。

该别墅为欧式大气三层别墅，外观、造型大方时尚，色彩靓丽，整体布局紧凑，功能分区合理，富有时代气息。

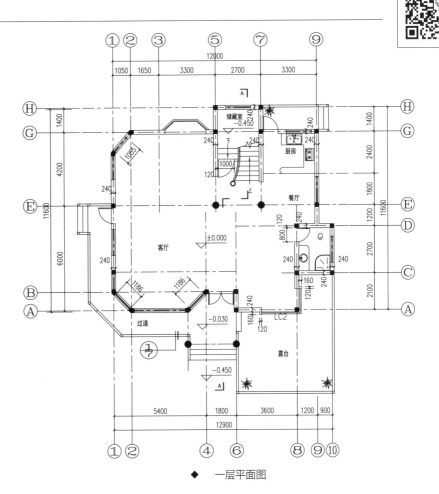

◆ 一层平面图

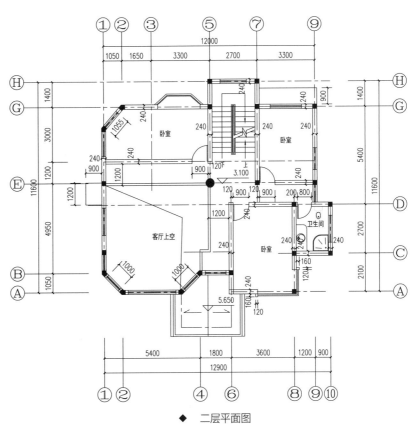

◆ 二层平面图

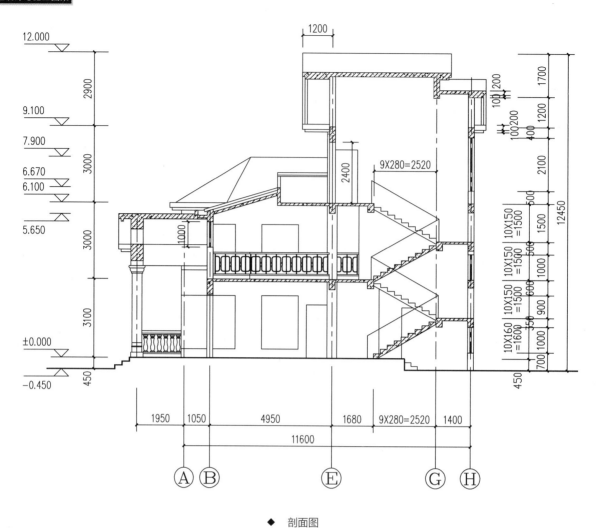

◆ 剖面图

◆ 三层平面图

◆ 屋顶平面图

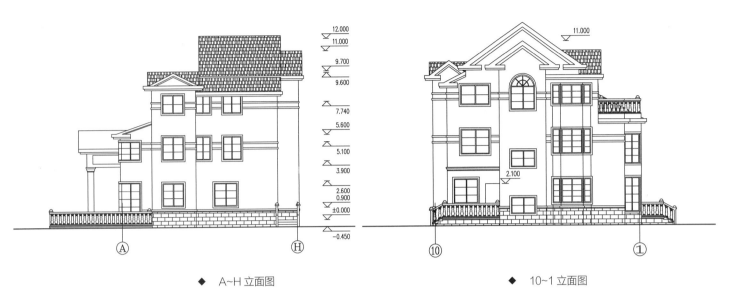

◆ A~H 立面图

◆ 10~1 立面图

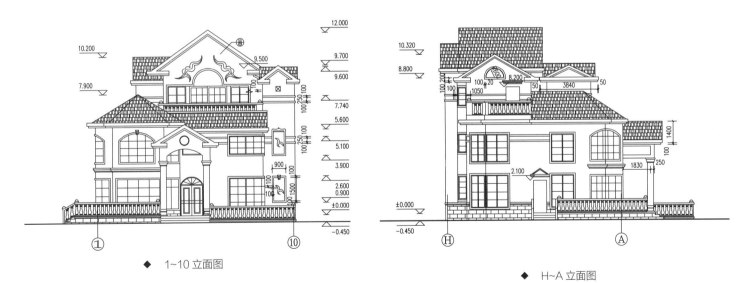

◆ 1~10 立面图

◆ H~A 立面图

# 案例 18

本项目为钢筋混凝土框架结构别墅，共三层，建筑最高处12m，总建筑面积587.7m²。一层建筑面积为359.42m²，有大厅、餐厅、老人房、厨房、卫生间、洗手间、品茶室、储藏间；二层建筑面积为131.64m²，有主卧、客厅、卫生间、洗手间、两个卧室；三层建筑面积为96.64m²，有屋面露台、家庭活动室、两个卧室。

该别墅造型简洁明了，色彩以深蓝色与淡黄色为主，结构布局井然有序，通风采光较佳。

## 建 筑

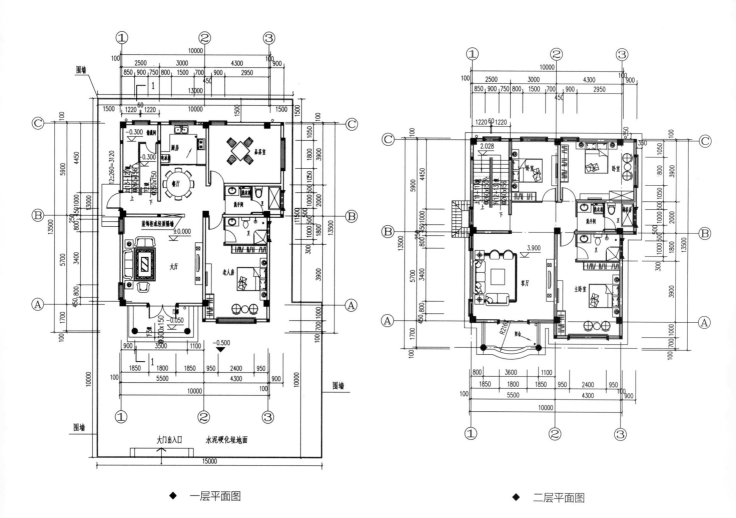

◆ 一层平面图　　　　　◆ 二层平面图

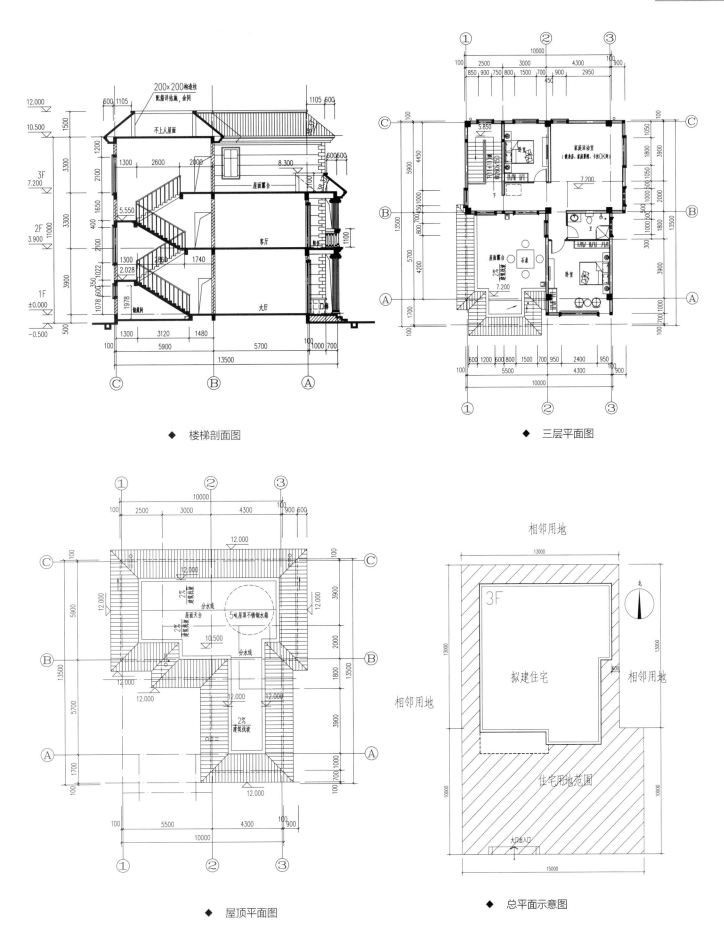

◆ 楼梯剖面图

◆ 三层平面图

◆ 屋顶平面图

◆ 总平面示意图

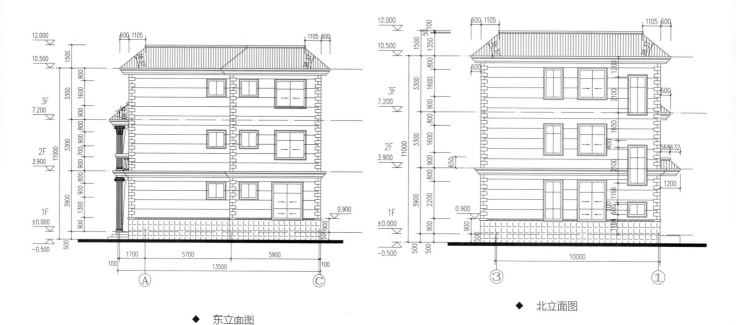

◆ 东立面图

◆ 北立面图

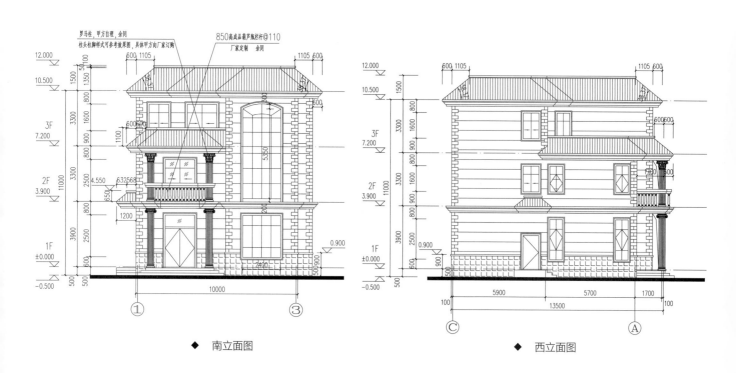

◆ 南立面图

◆ 西立面图

## 建 筑

本项目为三层独栋别墅,占地面积129m²,建筑最高处11.95m。一层设有客厅、餐厅、厨房、主卧室、卧室、卫生间;二层设有客厅、主卧室、卧室两间、卫生间两间;三层设有主卧室、卧室两间、卫生间两间、一个大露台。

该别墅外观造型简洁大气,色彩明丽,内部空间分区合理,房间尺度设计适宜,采光通风良好,富有现代气息。

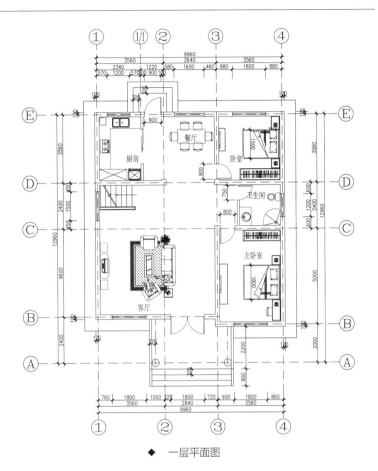

◆ 一层平面图

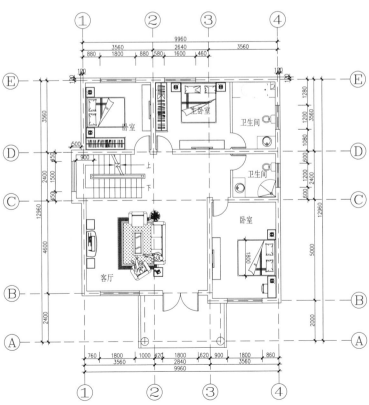

◆ 二层平面图

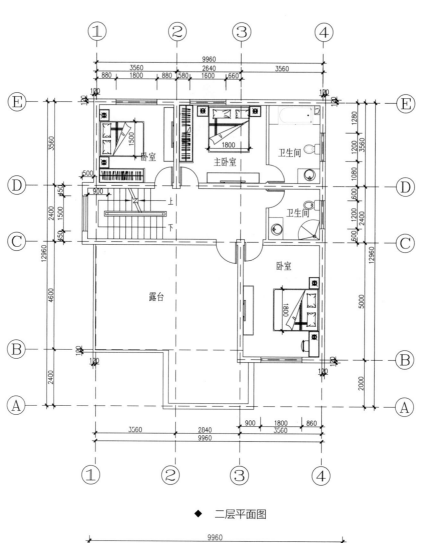

◆ 二层平面图

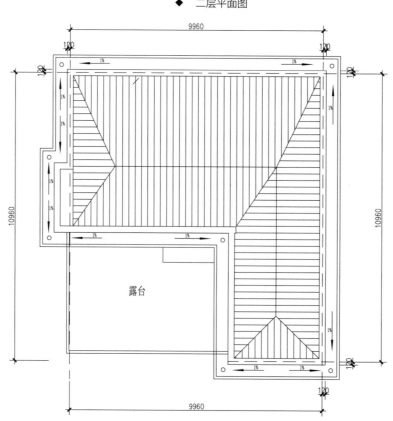

◆ 三层平面图

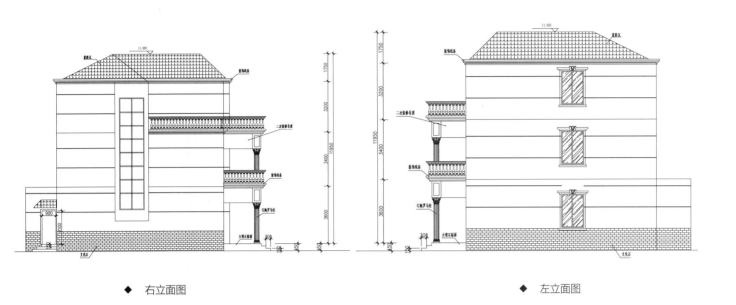

◆ 右立面图
◆ 左立面图

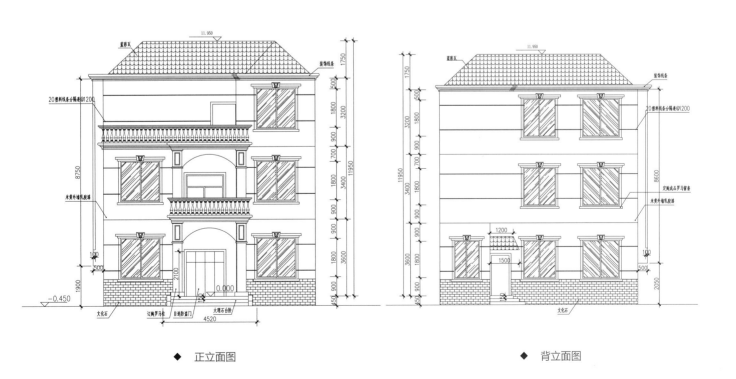

◆ 正立面图
◆ 背立面图

# 案例 20

## 建筑

　　本项目为三层独栋别墅，占地面积129.15m²，总建筑面积356.0m²，檐口高度9.6m，总建筑高度12.0m。一层设有客厅、卧室、卫生间、餐厅、厨房、工人房、车库；二层设有客厅、四间卧室、两间卫生间；三层设有卧室两间、卫生间两间、露台。

　　该别墅采用坡屋顶，红色英式瓦修饰，屋顶左侧是大露台，开窗较多较大，采光通风佳。

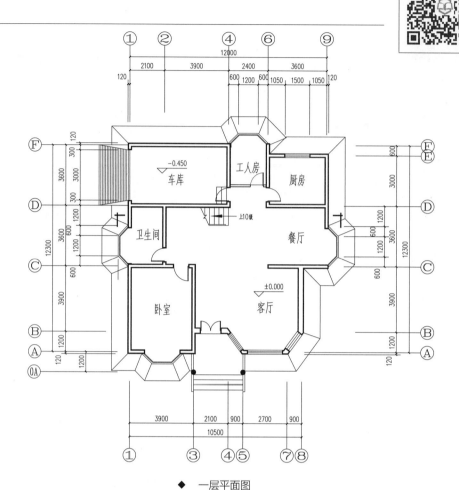

◆ 一层平面图

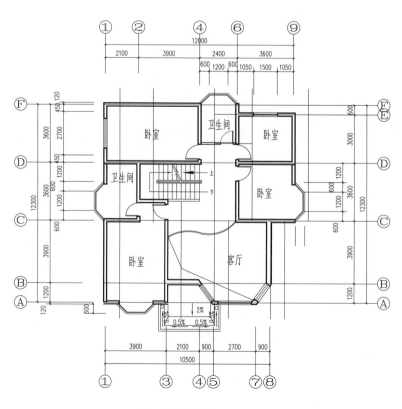

◆ 二层平面图

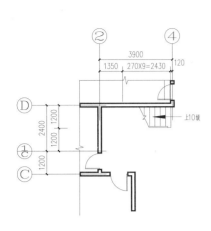

◆ 一层楼梯平面图

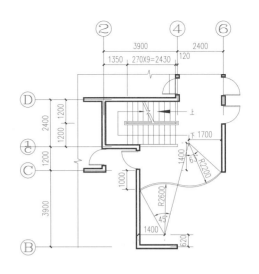

◆ 二层楼梯平面图

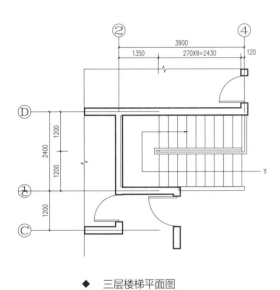

◆ 三层楼梯平面图

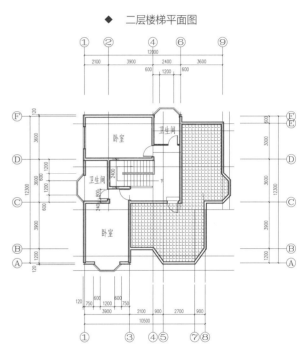

◆ 三层平面图

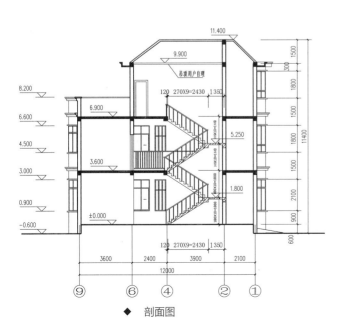

◆ 剖面图

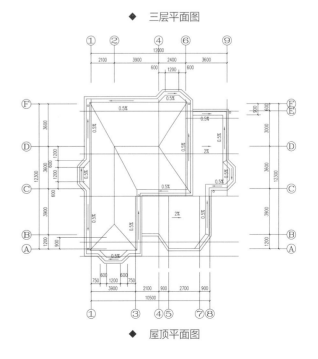

◆ 屋顶平面图

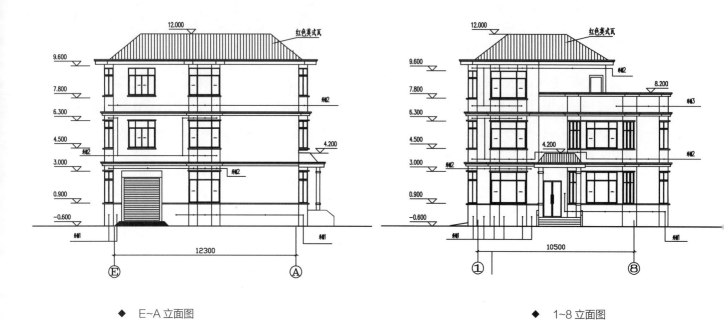

◆ E~A 立面图

◆ 1~8 立面图

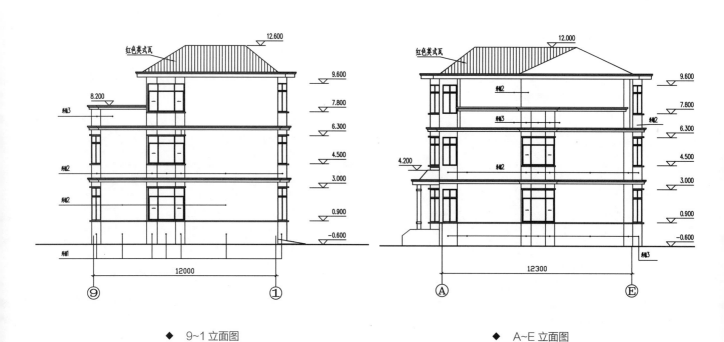

◆ 9~1 立面图

◆ A~E 立面图

# 案例 21

　　本项目为二层独栋别墅，砖混结构，占地面积90m²，檐口高度6.9m，总高度9.6m，一楼设有门廊、客厅、卧室两间、卫生间、餐厅；二楼设有阳台、客厅、儿童房兼书房、卧室两间、卫生间、棋牌室。

　　该别墅外观简洁大方，色彩清新淡雅，富有时代的韵味；罗马柱顶部尖顶使得整体造型更加立体，内部空间利用率高，各使用空间都有较好的采光通风。

## 建 筑

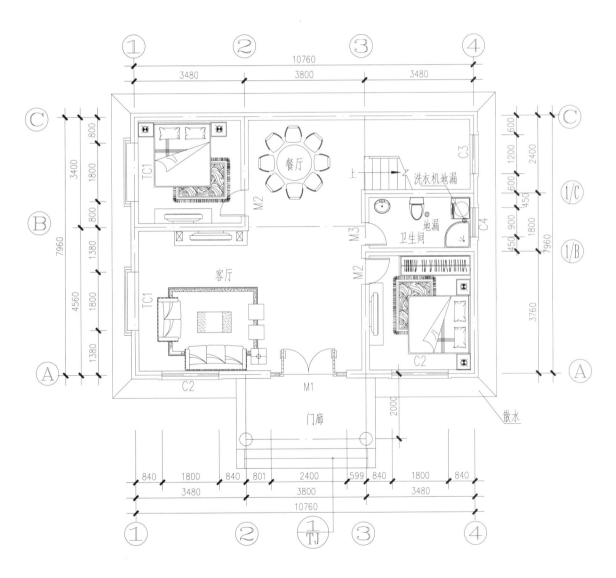

◆ 一层平面图

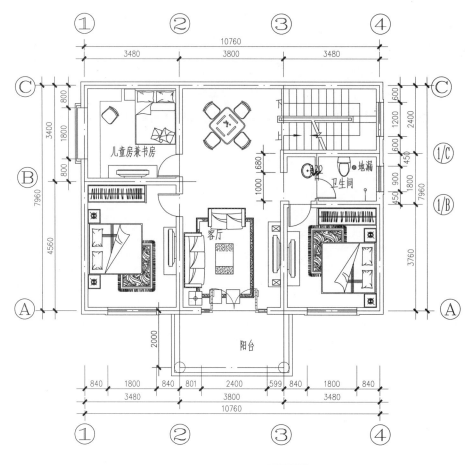

◆ 二层平面图

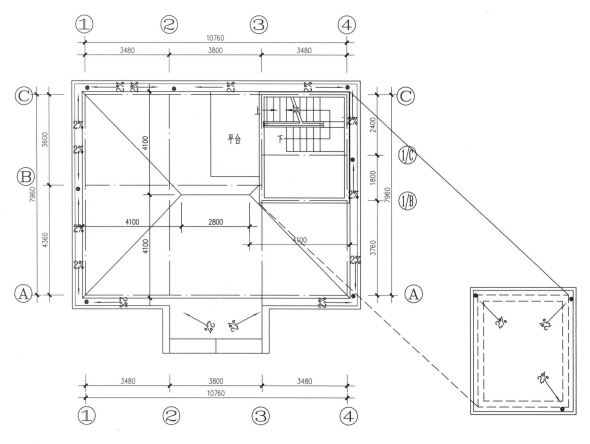

◆ 屋面平面图

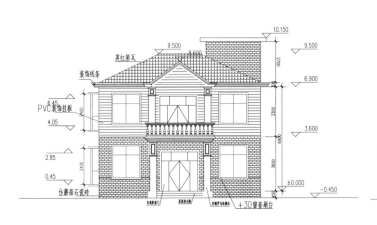

◆ 正立面图

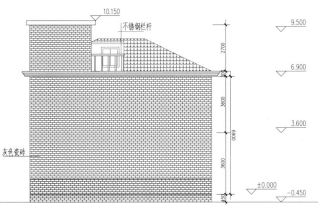

◆ 背立面图

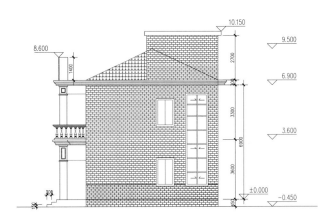

◆ 左立面图

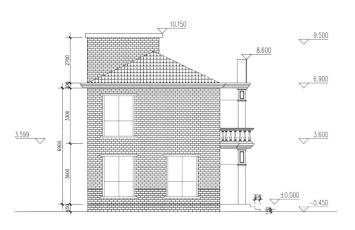

◆ 右立面图

# 案例 22

## 建 筑

本项目为砖混结构别墅，总建筑面积246.60m²，占地面积97.42m²。总建筑高度12.360m（屋脊最高处）。一层建筑面积97.42m²，由堂前、客厅、厨房、卫生间构成；二层建筑面积74.59m²，由三个卧室、一个卫生间构成；三层面积为74.59m²，跟二层功能布局一致。

该别墅屋面采用坡屋面，立面材质及色彩以浅色调为主，与周边山水相协调，有着新农村建筑的简洁质朴，又不失时代气息。

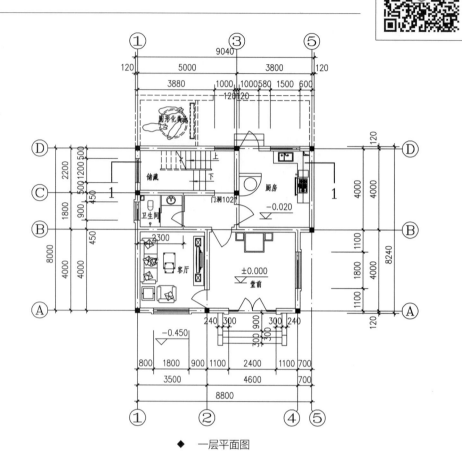

◆ 一层平面图

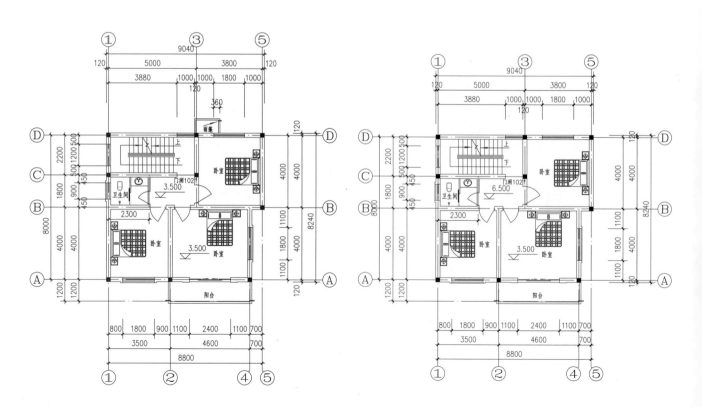

◆ 二层平面图　　　　　　　　　　　　◆ 三层平面图

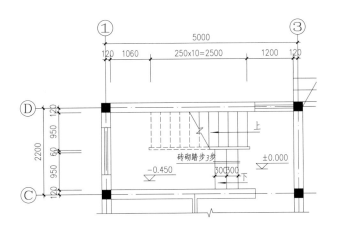

◆ 一层楼梯平面图

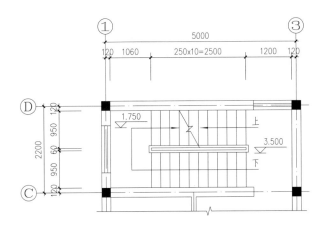

◆ 二层楼梯平面图

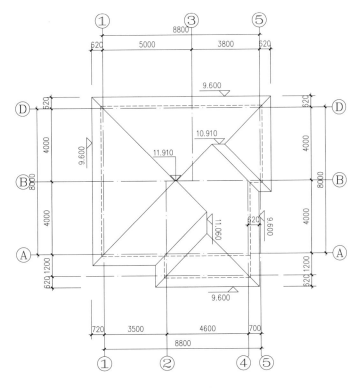

◆ 屋顶平面图

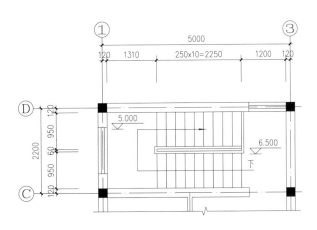

◆ 顶层楼梯平面图

◆ 正立面图

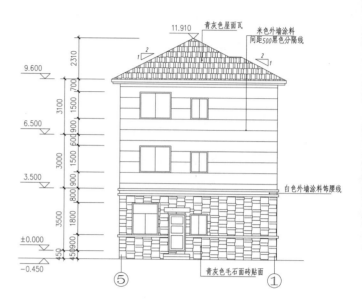

◆ 背立面图

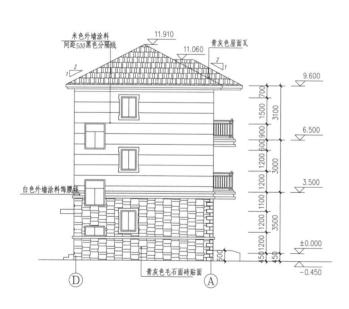

◆ 左立面图

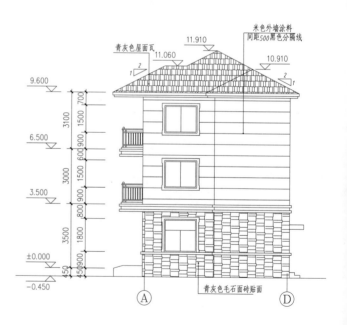

◆ 右立面图

# 案例 23

本项目为三层独栋别墅，占地面积625m²，建筑高度14.9m。

西班牙式柱廊空间是本设计的一个亮点。在客厅位置，玻璃幕墙占据了墙面的大部分，明净的玻璃和空阔的柱廊形成了鲜明的对比。此外，柱廊的实用性也值得一提，无论是观景、晾晒，都是绝佳场所。

## 建 筑

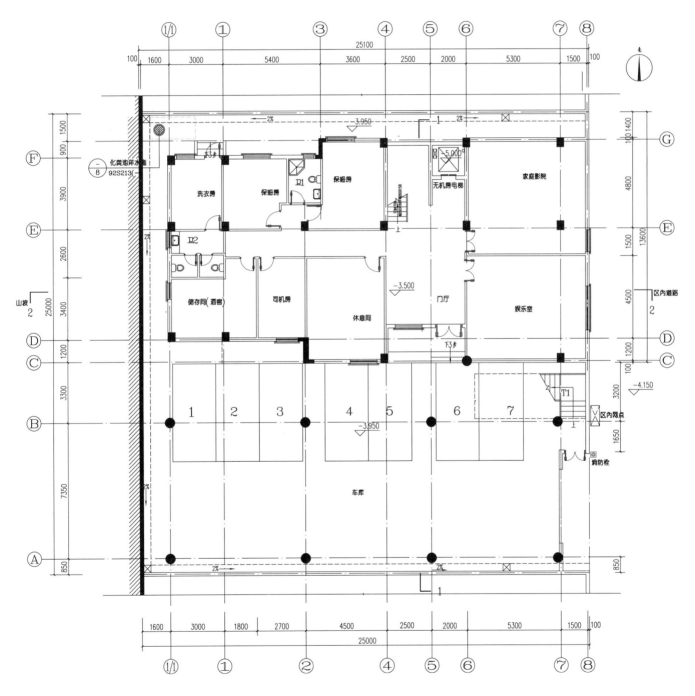

◆ 架空层平面图

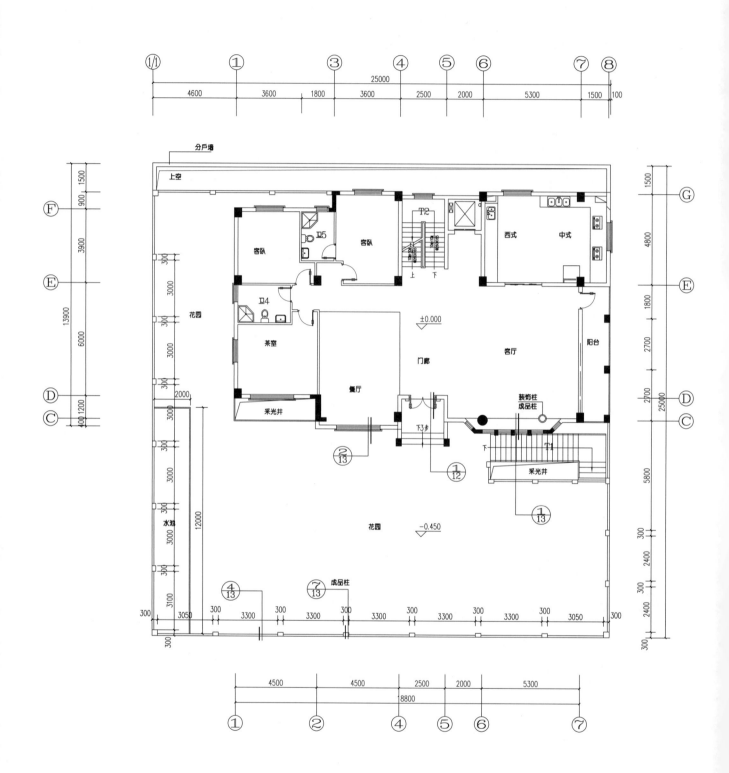

◆ 一层平面图

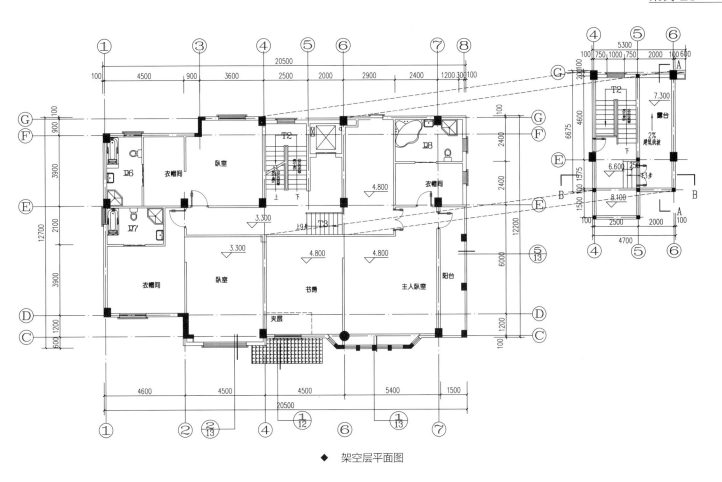

◆ 架空层平面图

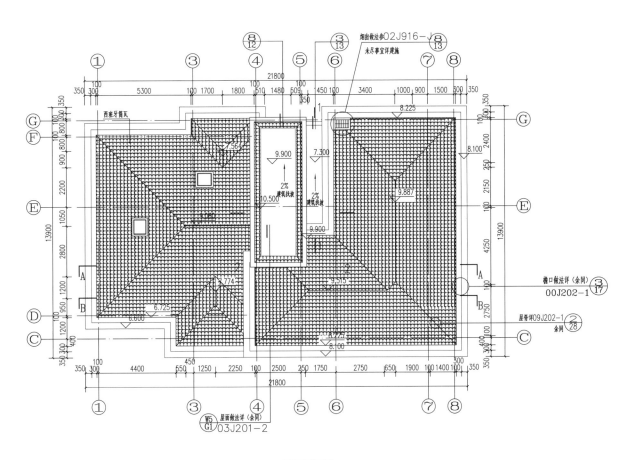

◆ 屋面平面图

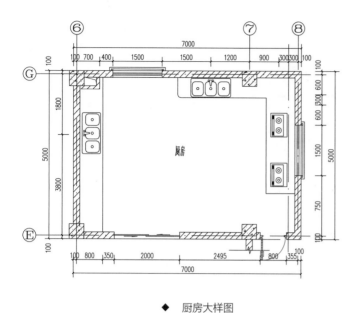

◆ 厨房大样图

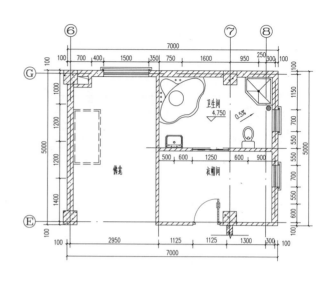

◆ 卫生间 8 大样图

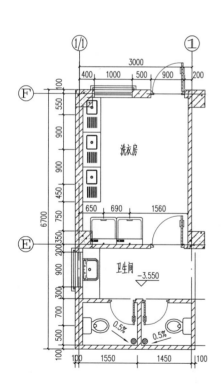

◆ 卫生间 2 大样图

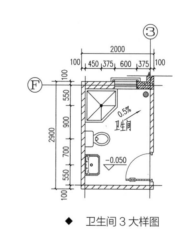

◆ 卫生间 3 大样图

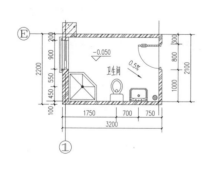

◆ 卫生间 4 大样图

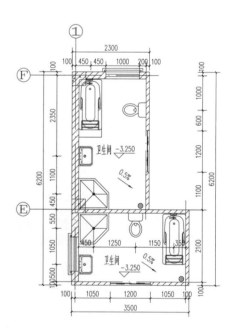

◆ 卫生间 6、7 大样图

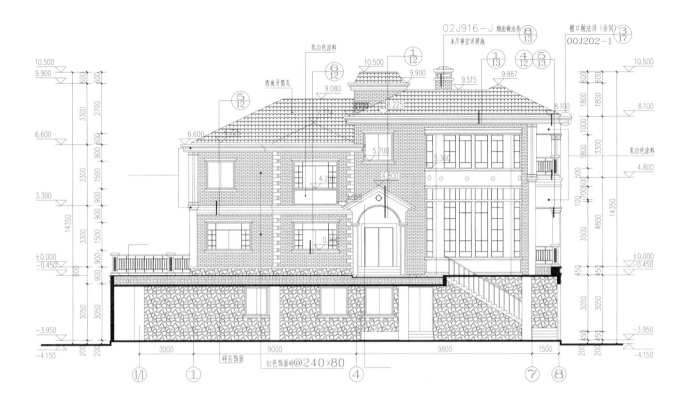

◆ 1/1-8 轴立面图

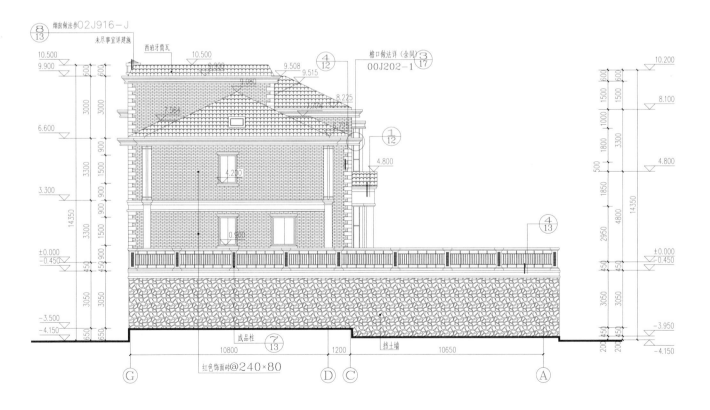

◆ G~A 轴立面图

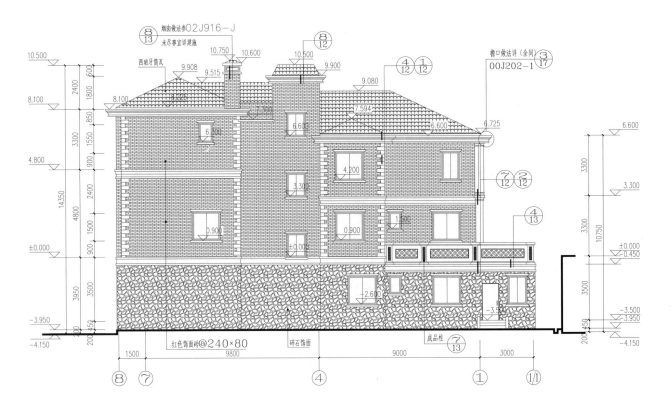

◆ 8-1/1 轴立面图

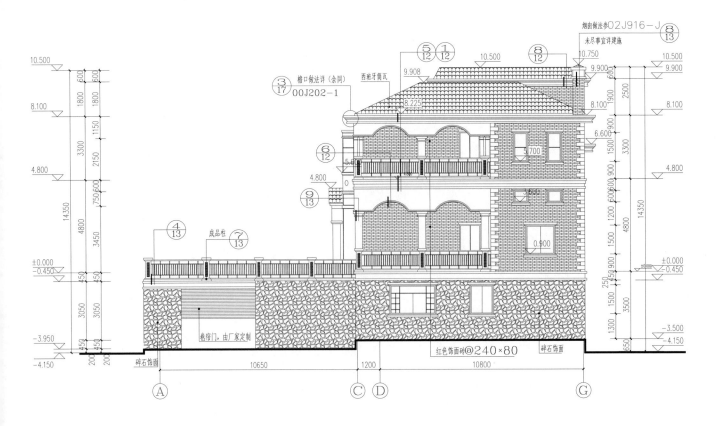

◆ A~G 轴立面图

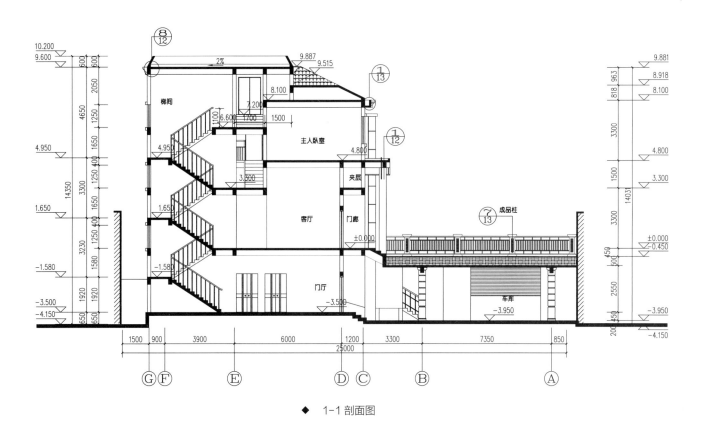

◆ 1-1 剖面图

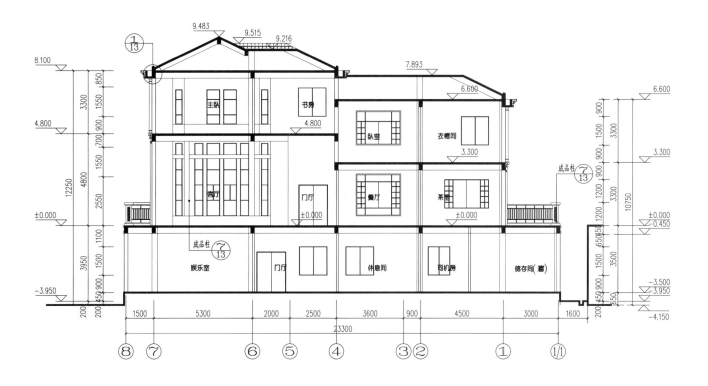

◆ 2-2 剖面图

结构

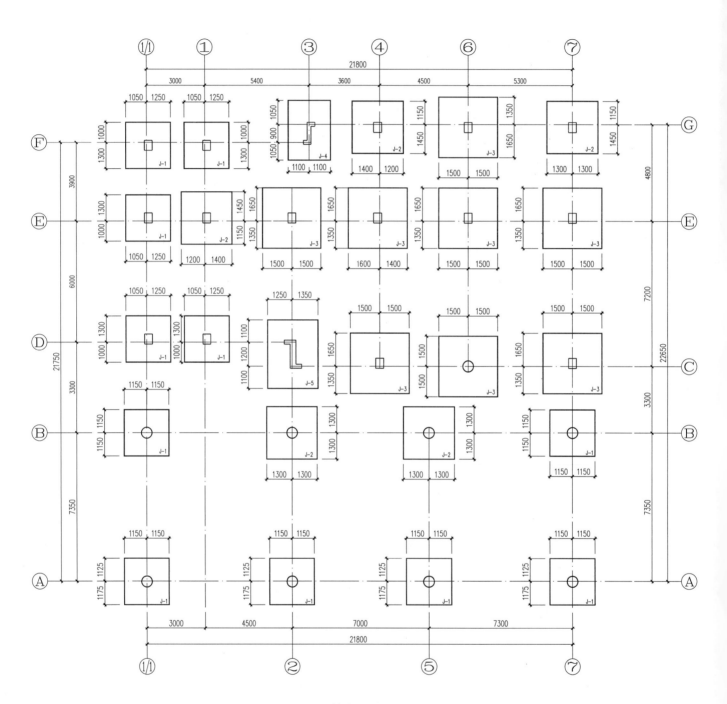

◆  基础平面图

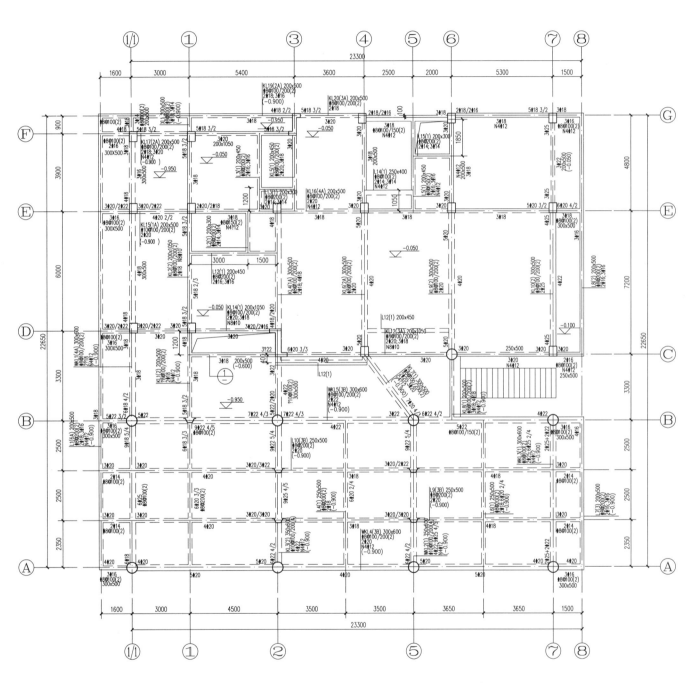

◆ 一层梁配筋图

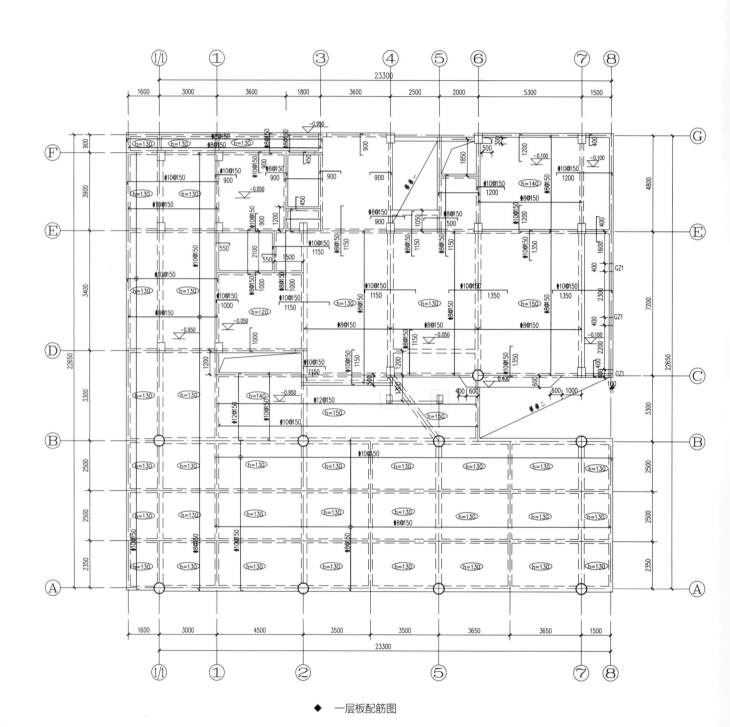

◆ 一层板配筋图

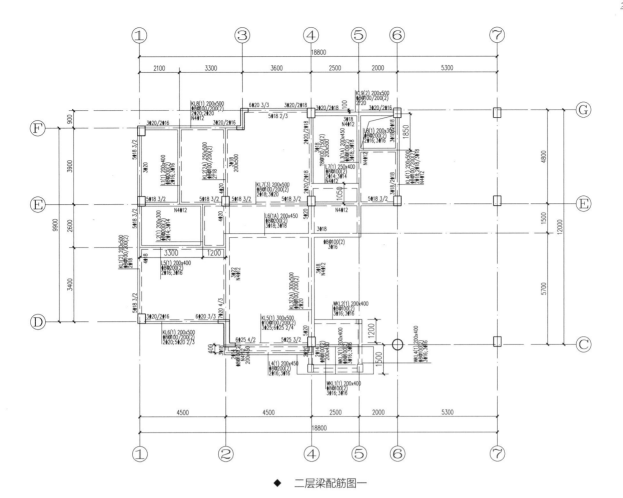

◆ 二层梁配筋图一

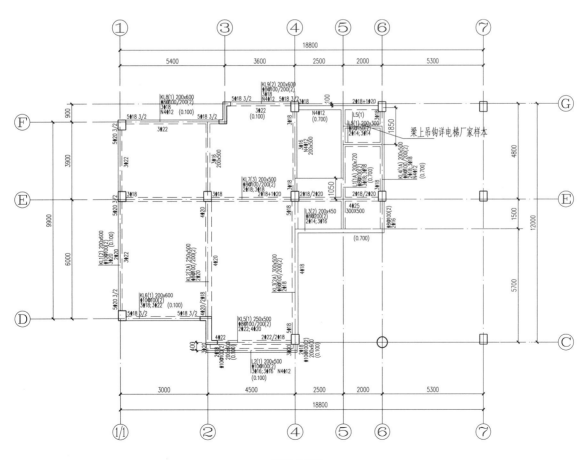

◆ 二层梁配筋图二

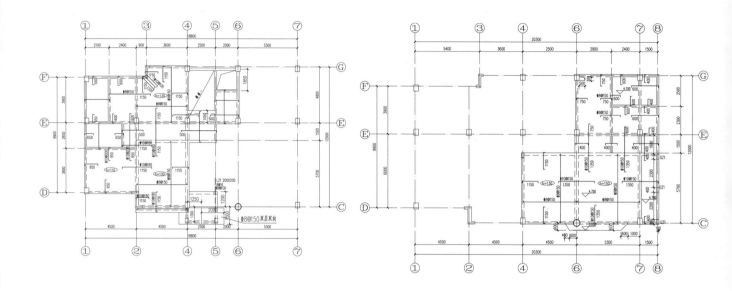

◆ 二层板配筋图一

◆ 二层板配筋图二

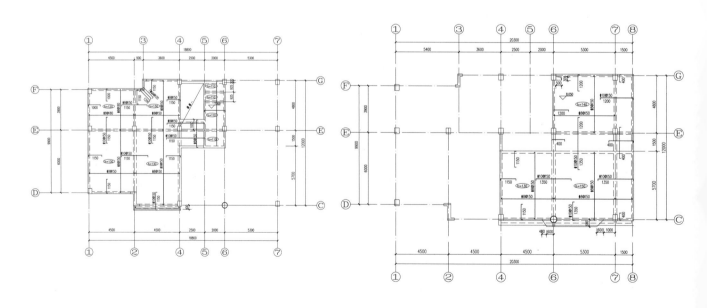

◆ 闷顶层板配筋图一

◆ 闷顶层板配筋图二

# 给排水

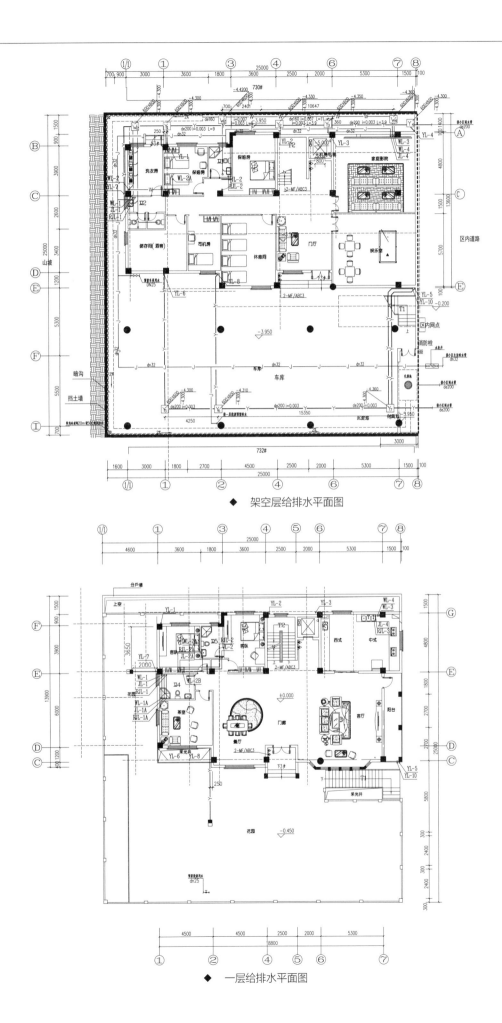

◆ 架空层给排水平面图

◆ 一层给排水平面图

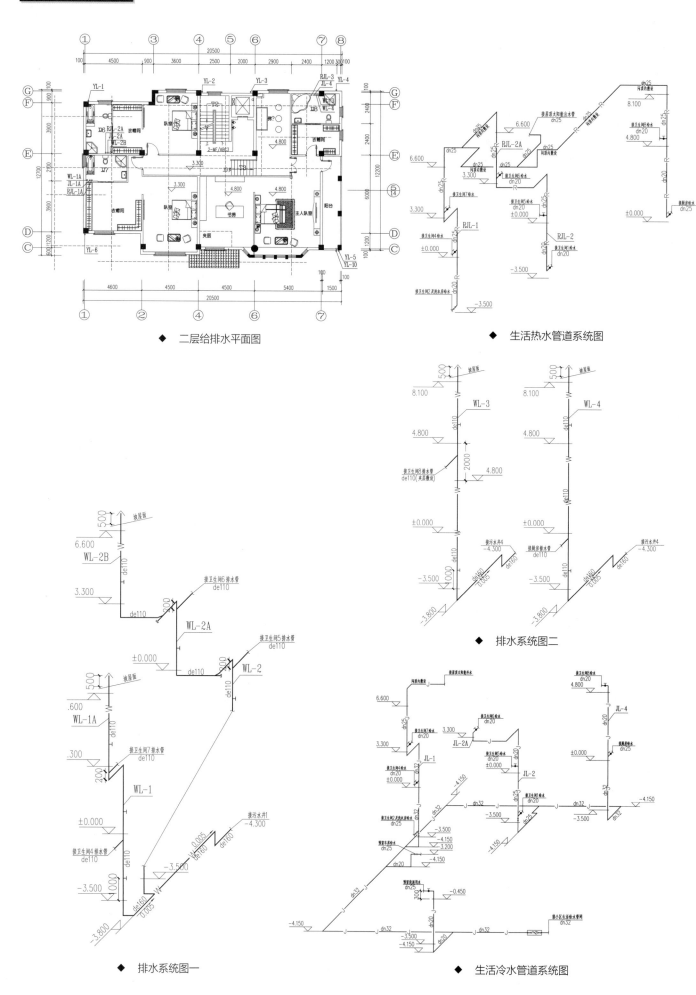

◆ 二层给排水平面图

◆ 生活热水管道系统图

◆ 排水系统图二

◆ 排水系统图一

◆ 生活冷水管道系统图

**电**

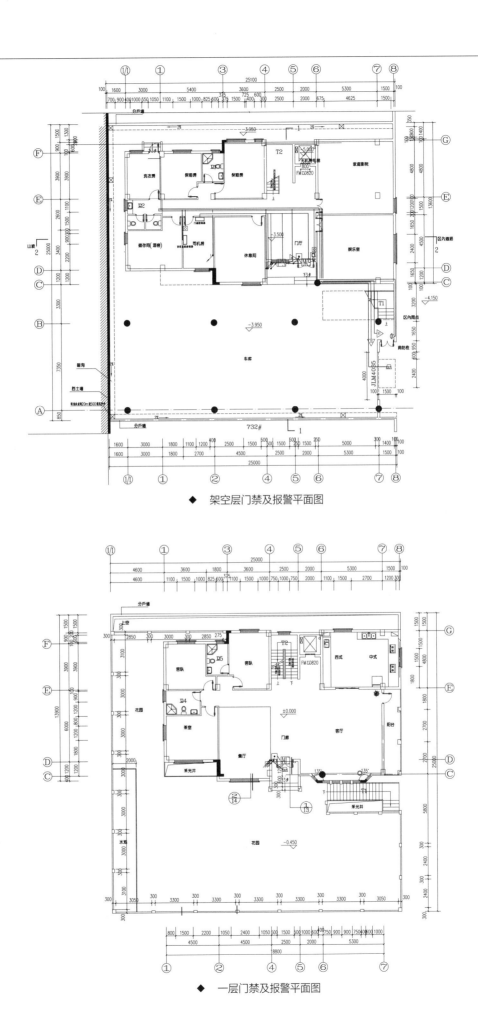

◆ 架空层门禁及报警平面图

◆ 一层门禁及报警平面图

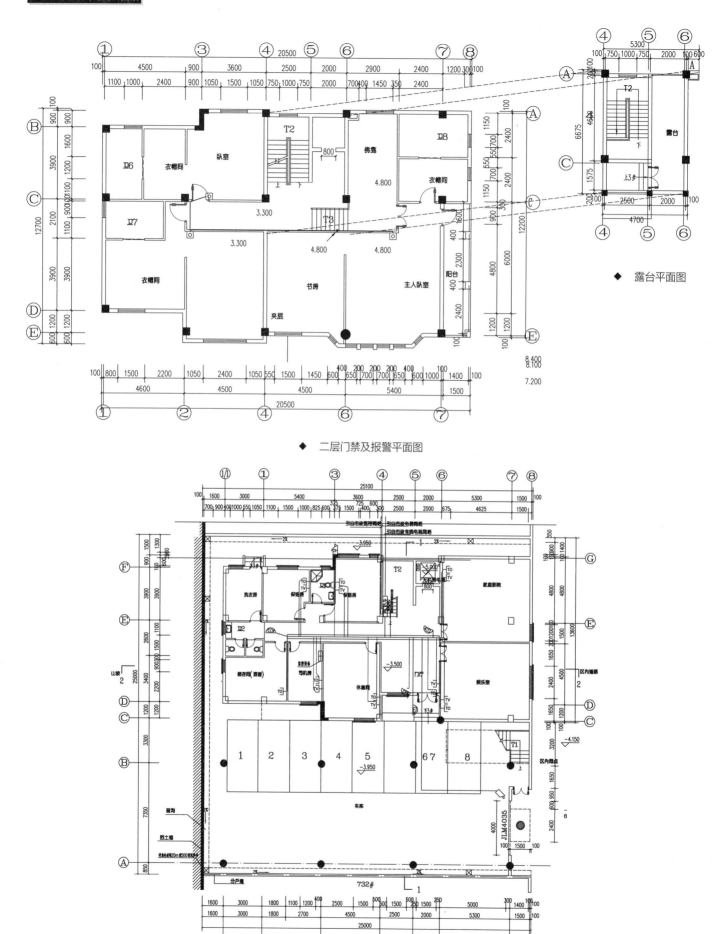

◆ 露台平面图

◆ 二层门禁及报警平面图

◆ 架空层弱电平面图

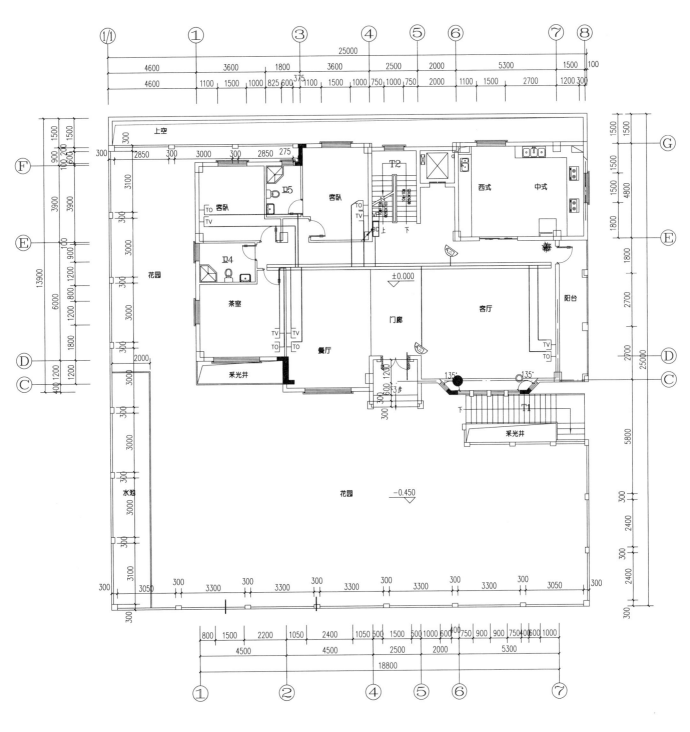

◆ 一层弱电平面图

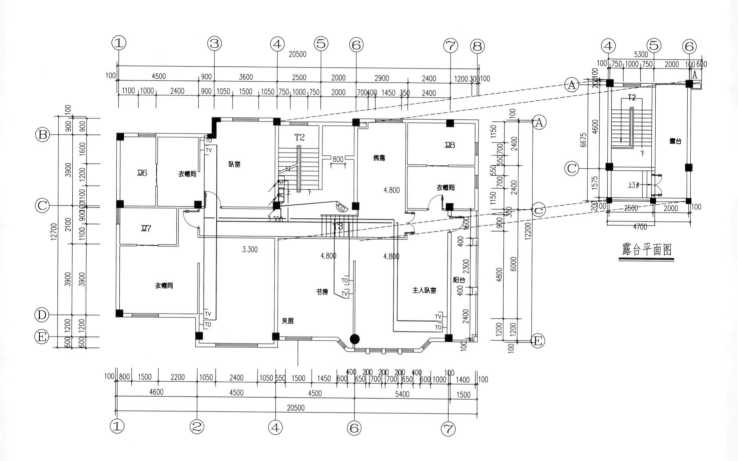

露台平面图

◆ 二层弱电平面图

# 案例 24

## 建 筑

本项目为单门独院式别墅，用地面积134.5m²，占地面积109.46m²，建筑面积298.36m²，建筑最高处11.385m(屋脊最高处)。一层设有客厅、堂前、厨房、老人房、烤火间、卫生间；二层设有客厅、主卧、次卧、客房、卫生间、一个露台；三层设有客厅、卧室两间、卫生间、两个露台。

本别墅采用坡屋顶，混合结构，外观造型简洁大方，色彩干净明丽，房间尺度设计适宜，空间利用率高，造价适中，并富有新农村时代气息。

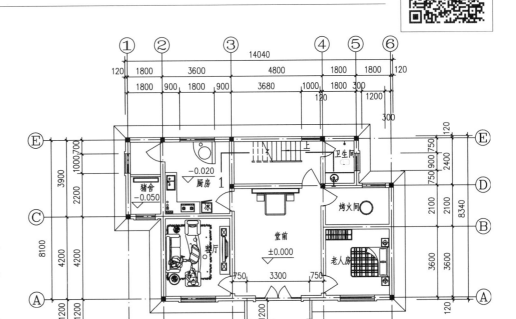

◆ 一层平面图

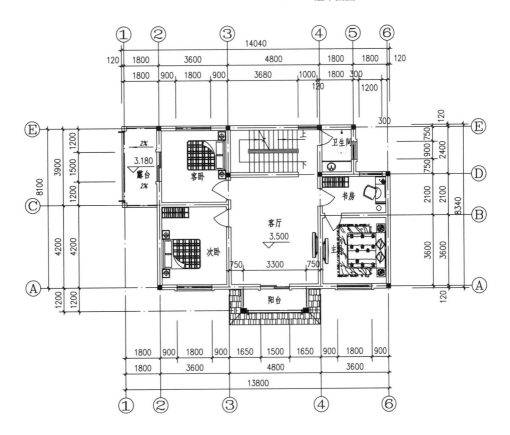

◆ 二层平面图

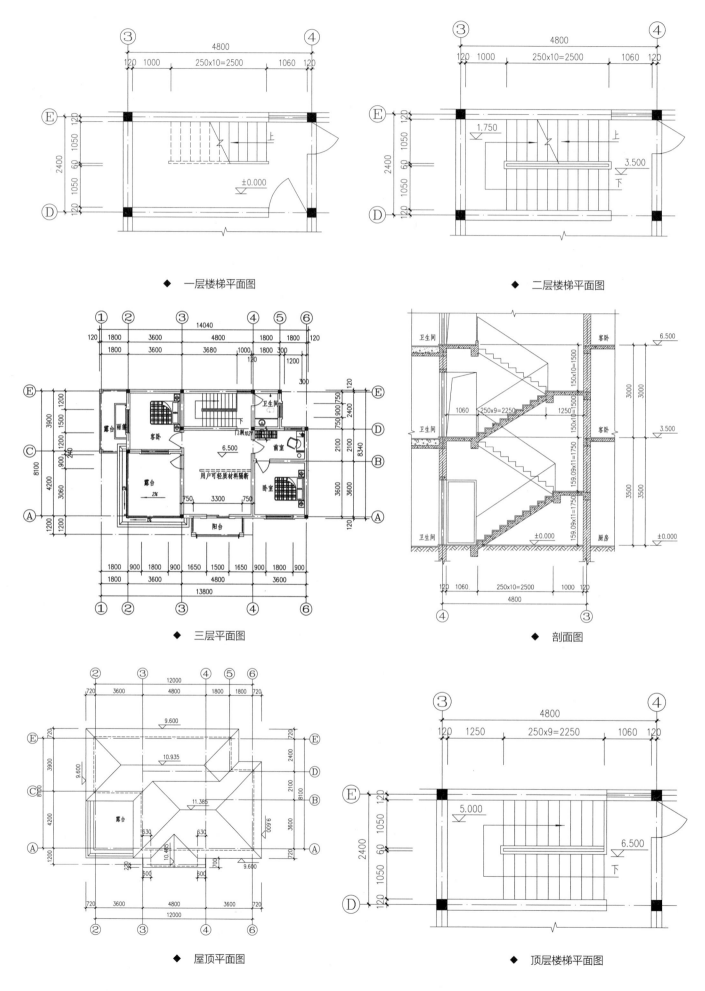

◆ 一层楼梯平面图

◆ 二层楼梯平面图

◆ 三层平面图

◆ 剖面图

◆ 屋顶平面图

◆ 顶层楼梯平面图

米色外墙涂料
间距500黑色分隔线

400宽抛光面砖
蛋亮色(余同)

青灰色屋面瓦

10.935    11.385

9.600

6.500

3.500

±0.000

-0.450

青灰色毛石面砖贴面

① ⑥

◆ 正立面图

青灰色屋面瓦

米色外墙涂料
间距500黑色分隔线

11.385    10.935

9.600

6.500

3.500

±0.000

-0.450

青灰色毛石面砖贴面

⑥ ①

◆ 背立面图

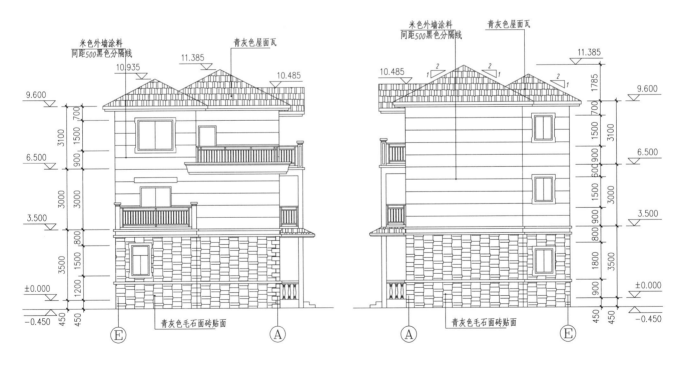

米色外墙涂料
间距500黑色分隔线

青灰色屋面瓦

10.935    11.385    10.485

9.600

6.500

3.500

±0.000

-0.450

青灰色毛石面砖贴面

Ⓔ Ⓐ

◆ 左立面图

米色外墙涂料
间距500黑色分隔线

青灰色屋面瓦

10.485    11.385

9.600

6.500

3.500

±0.000

-0.450

青灰色毛石面砖贴面

Ⓐ Ⓔ

◆ 右立面图

# 案例 25

## 建 筑

本项目为单家独院式别墅，占地面积84m²，建筑最高处10.835m。一层设有堂前、厨房、卫生间、老人房、工具间；二层设有卧室两间、卫生间、起居室；三层设有客卧、储藏间、卫生间及晒台。

该别墅采用坡屋顶，砖混结构，布置合理，色彩偏暗淡，契合新农村建筑风格。

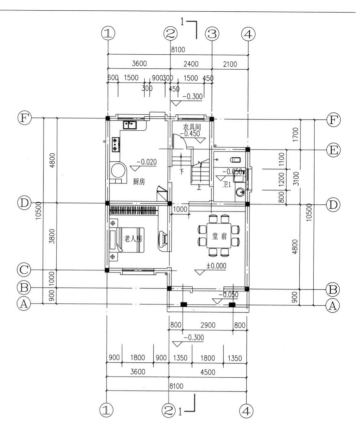

◆ 一层平面图

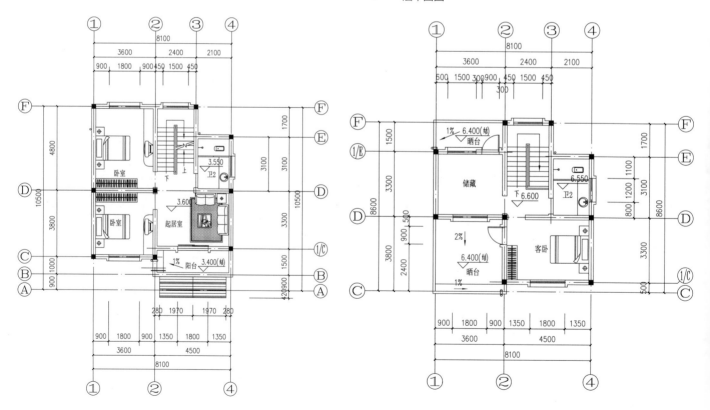

◆ 二层平面图          ◆ 三层平面图

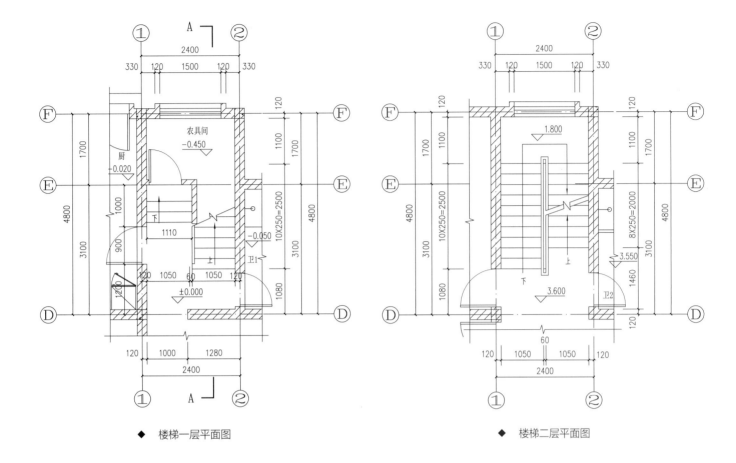

◆ 楼梯一层平面图

◆ 楼梯二层平面图

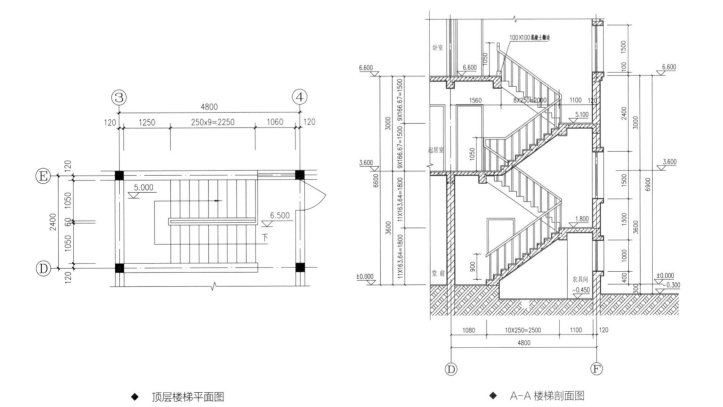

◆ 顶层楼梯平面图

◆ A-A楼梯剖面图

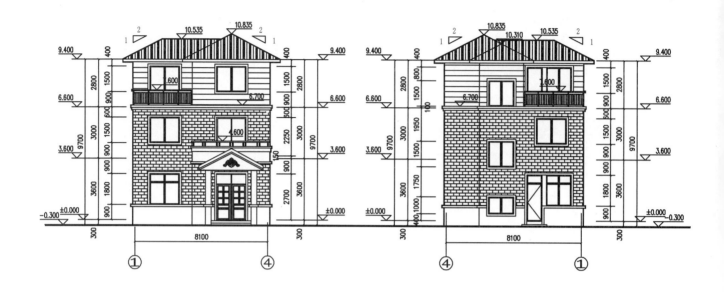

◆ 1~4 立面图

◆ 4~1 立面图

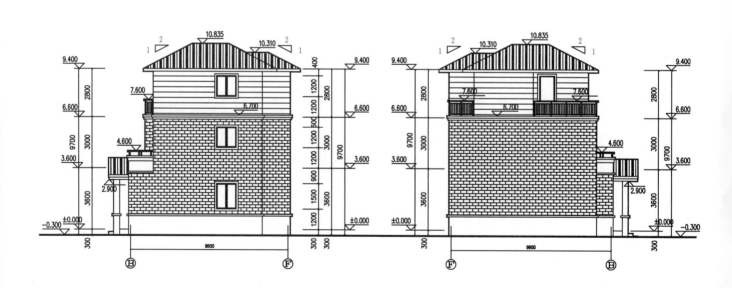

◆ B~F 立面图

◆ F~B 立面图

# 案例 26

该项目为框架结构别墅，建筑面积2245.13m²，地上三层，地下一层，建筑总高度23.934m。

大体量的别墅设计，在造型上一定会有更多可推敲的地方，这一点是毋庸置疑的。大体量容易做成大体块的单调穿插，缺少细节，缺少感情，这是很难避免的问题。这一别墅很巧妙地在屋顶上加设了一个塔楼，既把建筑的整体架设提升了一个层次，也让建筑更加醒目。

## 建 筑

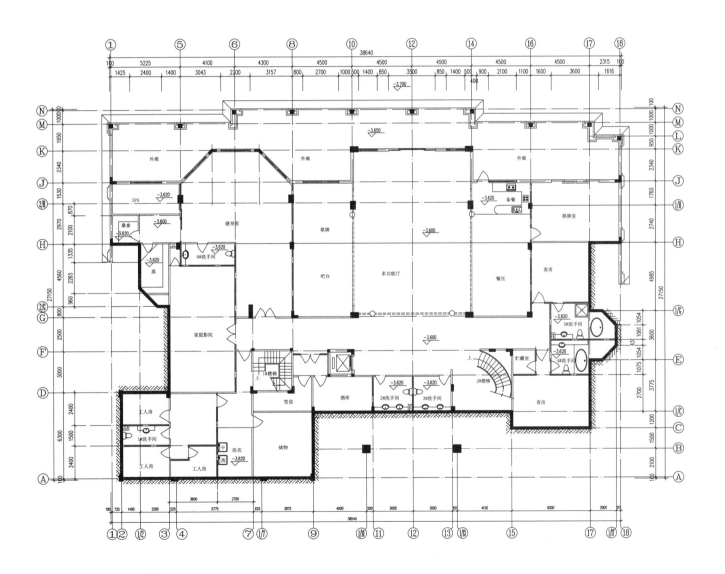

◆ 底层平面图

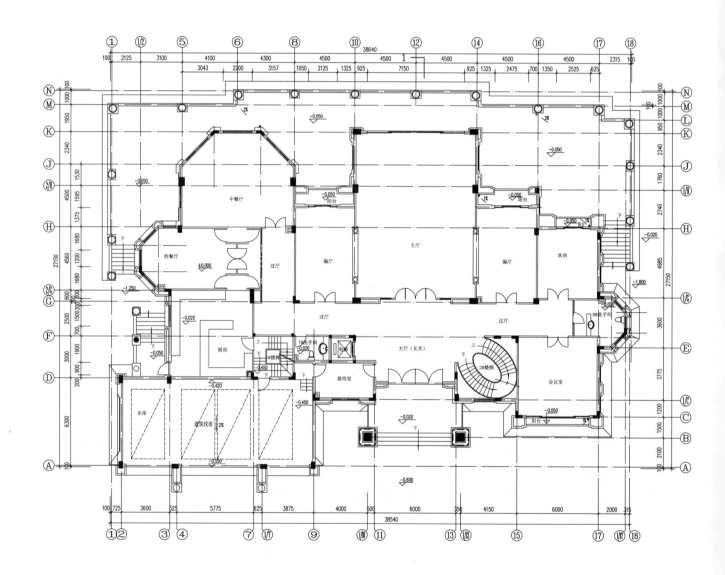

◆ 一层平面图

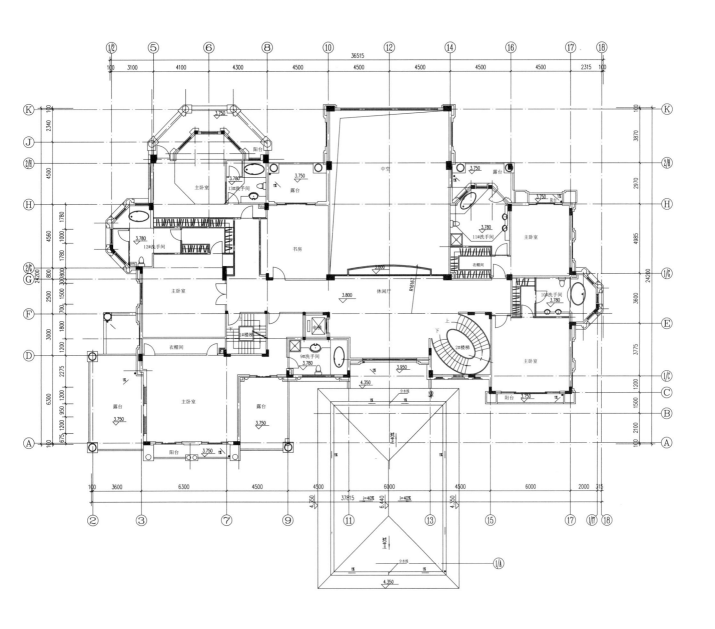

◆ 二层平面图

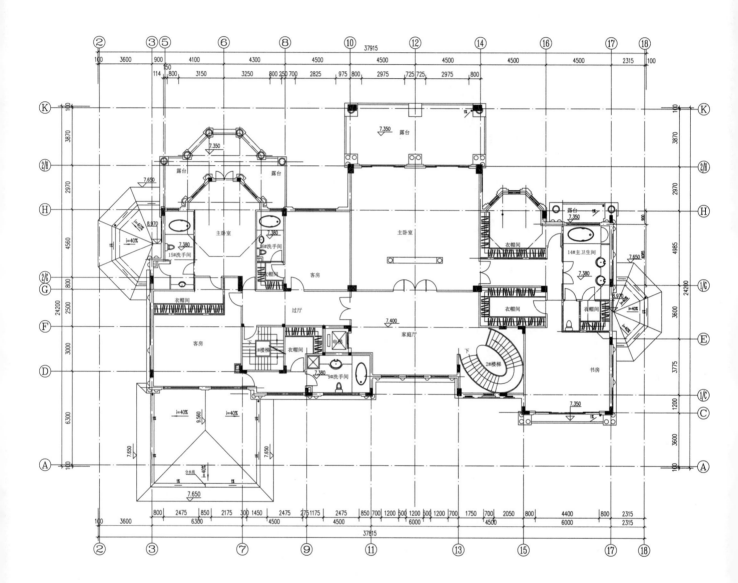

◆ 三层平面图

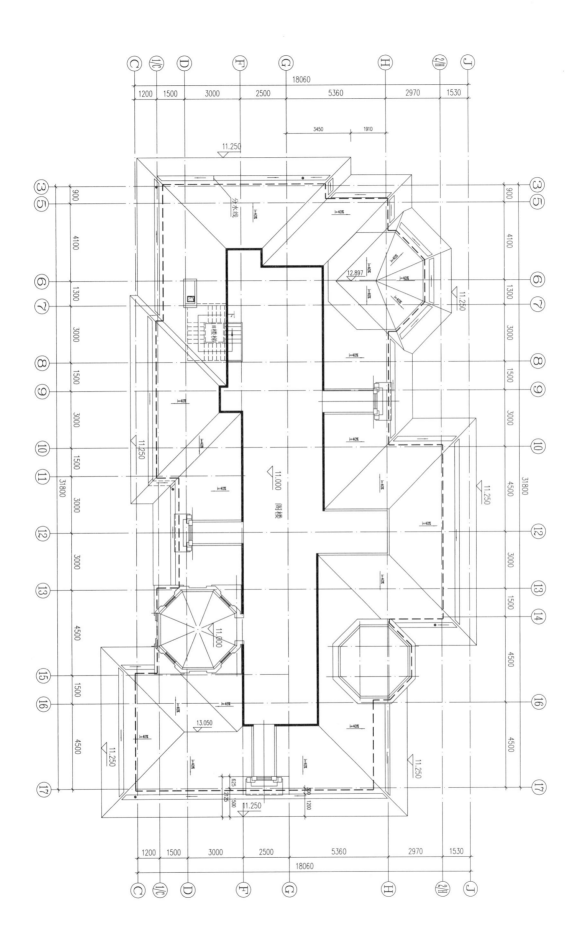

◆ 屋顶平面图

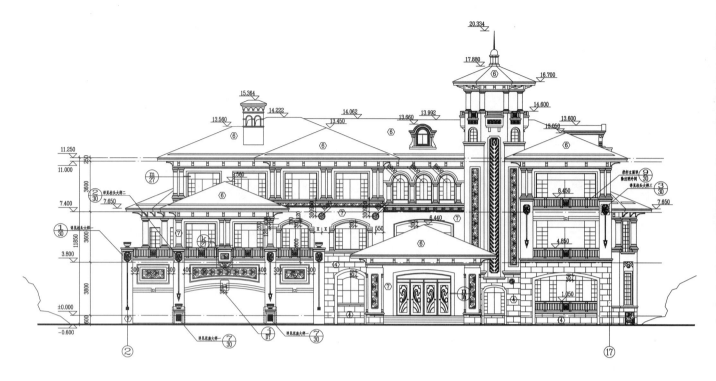

◆ 2~17 立面图

① 砂岩浮雕图案(式样待定)
② 砂岩浮雕图案(式样待定)
③ 砂岩浮雕图案(式样待定)
④ 砂岩贴面
⑤ 浅啡色釉面砖
⑥ 红色西班牙瓦
⑦ 米黄色无机涂料

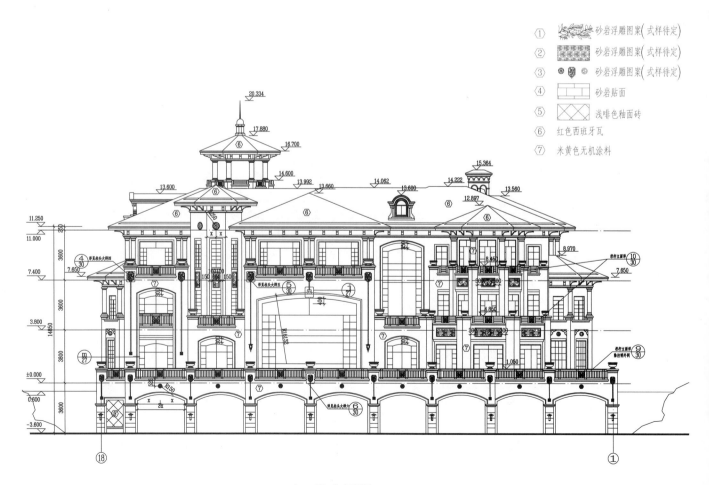

◆ 18~1 立面图

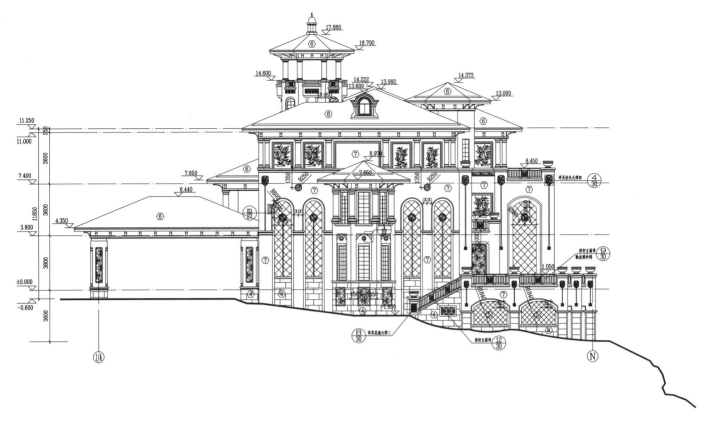

◆ 1/A~N 立面图

| ① | | 砂岩浮雕图案（式样待定） |
| ② | | 砂岩浮雕图案（式样待定） |
| ③ | | 砂岩浮雕图案（式样待定） |
| ④ | | 砂岩贴面 |
| ⑤ | | 浅咖色釉面砖 |
| ⑥ | | 红色西班牙瓦 |
| ⑦ | | 米黄色无机涂料 |

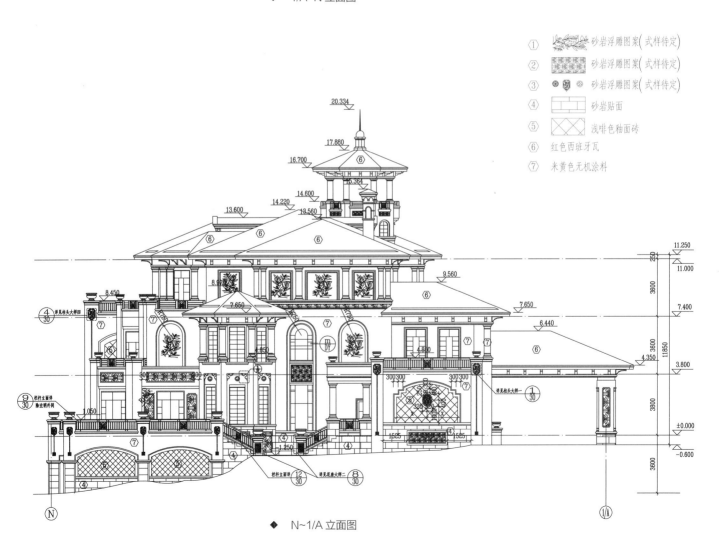

◆ N~1/A 立面图

# 案例 **27**

　　本项目为某县新农村建设用房，建筑面积320m²，占地面积140m²，一共三层，总高12.4m。一层有大堂、客厅、厨房、卧室、两个卫生间；二层有客厅、书房、两间卧室、两个卫生间、三个露台；三层有活动室、露台、阳台、卫生间、两个卧室。

　　该别墅采用坡屋顶，砖红色瓦装饰，整个大屋顶盖在建筑上方，浑然一体，富有对称美，二层与屋顶重檐，二层与三层重边栏，富有层次美。

## 建 筑

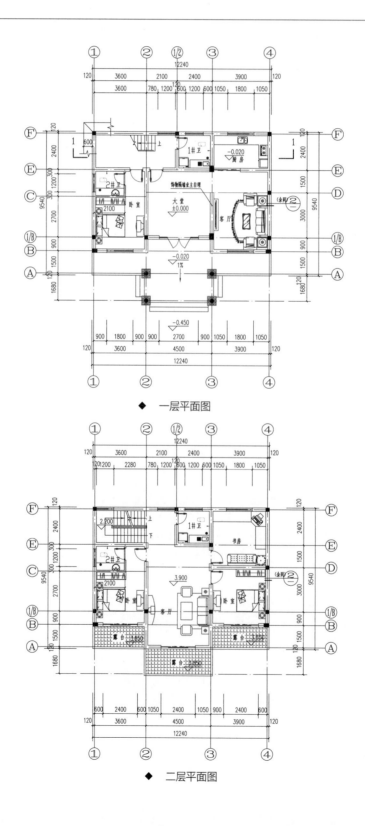

◆ 一层平面图

◆ 二层平面图

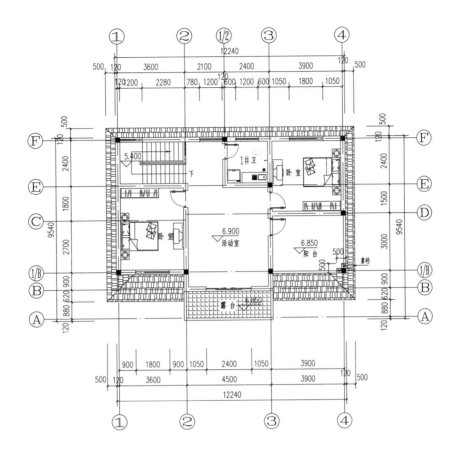

◆ 三层平面图

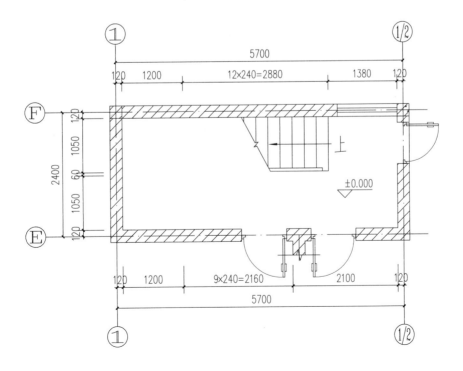

◆ 一层楼梯平面图

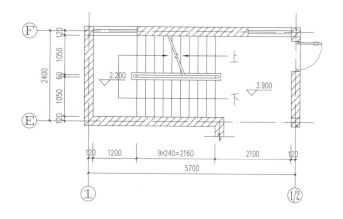

◆ 二层楼梯平面图

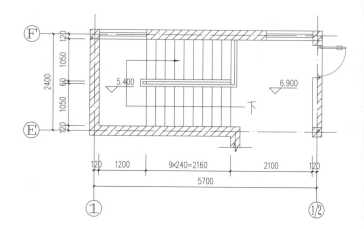

◆ 三层楼梯平面图

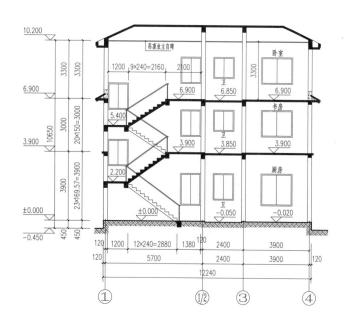

◆ 剖面图

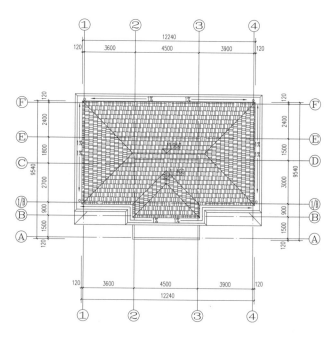

◆ 屋顶平面图

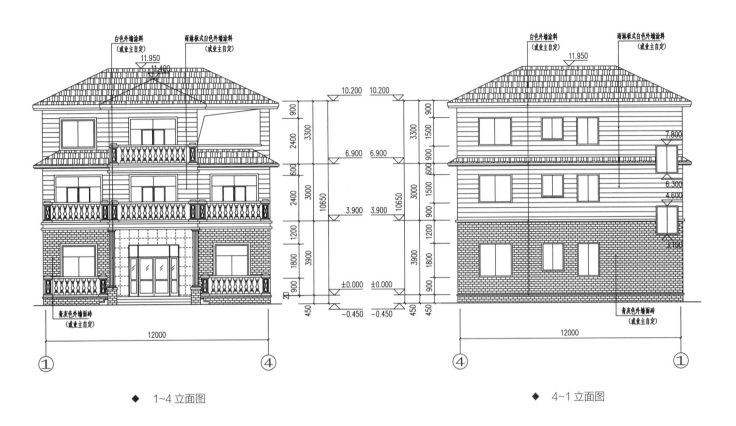

◆ 1~4 立面图

◆ 4~1 立面图

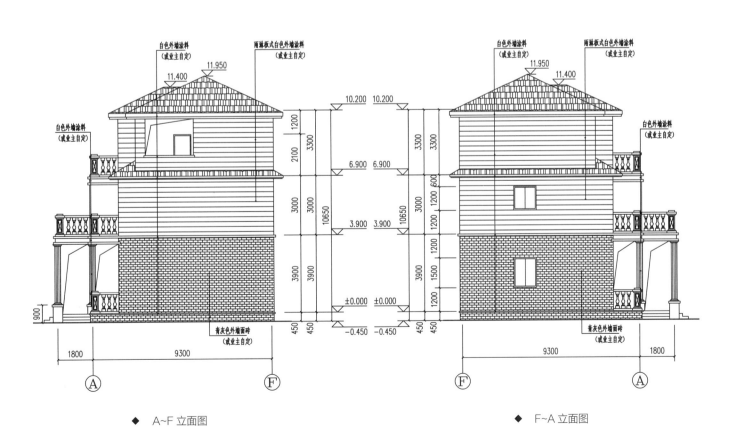

◆ A~F 立面图

◆ F~A 立面图

# 案例 28

　　本项目为某新农村小别墅，总建筑面积241.6m²，占地面积93.3m²，两层加阁楼，建筑最高处9.6m。一层建筑面积93.3m²，有客厅、餐厅、厨房、开敞式内庭院、杂物间、卧室、卫生间；二层建筑面积90.0m²，有主卧（带卫生间）、起居室、卫生间、两个次卧；阁楼层建筑面积58.3m²，有活动室、家庭室、晒台、储藏室。

　　该别墅外观简洁且又极具特色，采用斜屋面，饰以砖红色瓦，从门庭小院，到二层露天晒台，到屋顶大露台，再到阁楼层斜屋面，极富层次感。

## 建　筑

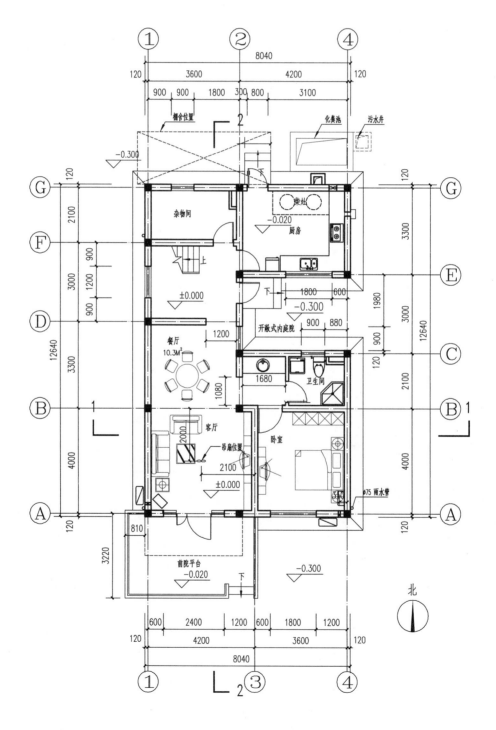

◆ 一层平面图

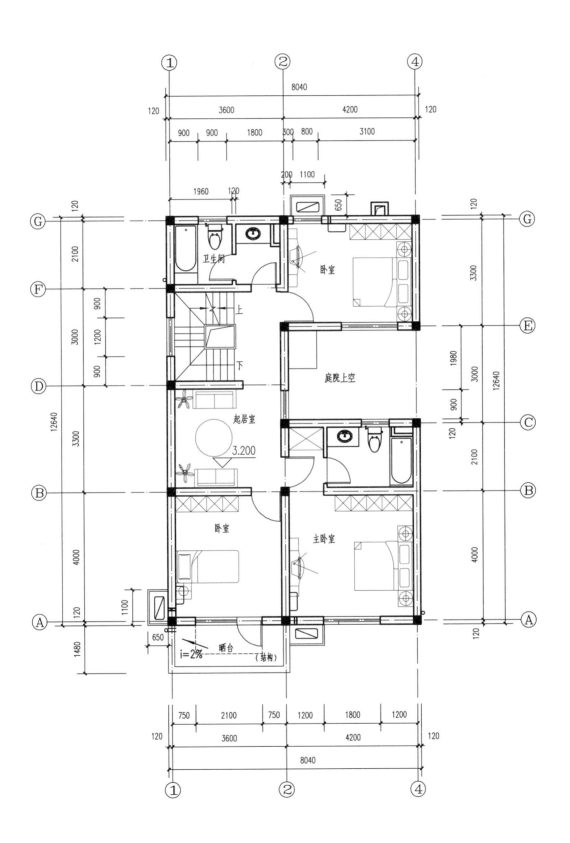

◆ 二层平面图

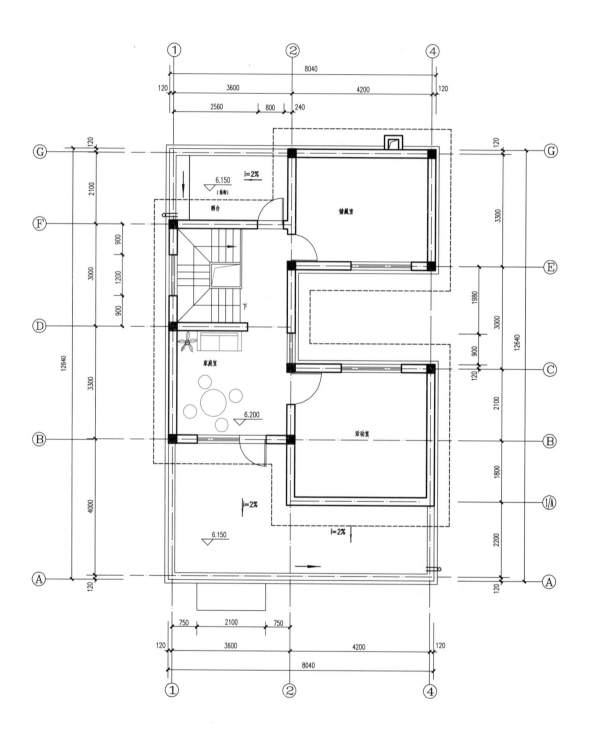

◆ 阁楼层平面图

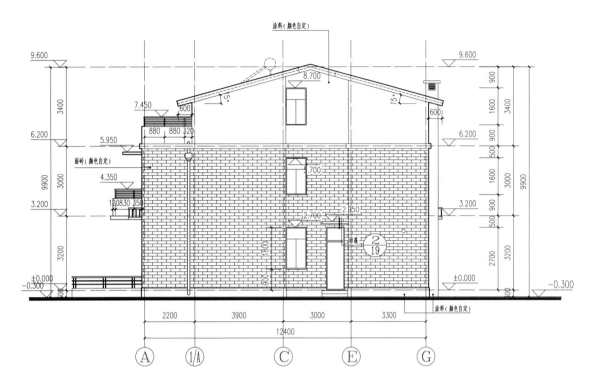

◆ 东立面图

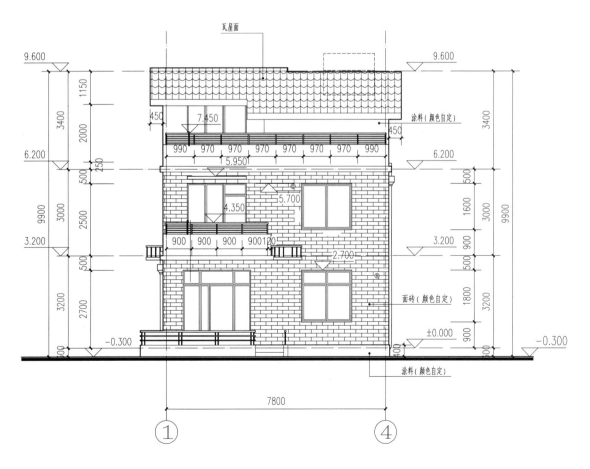

◆ 南立面图

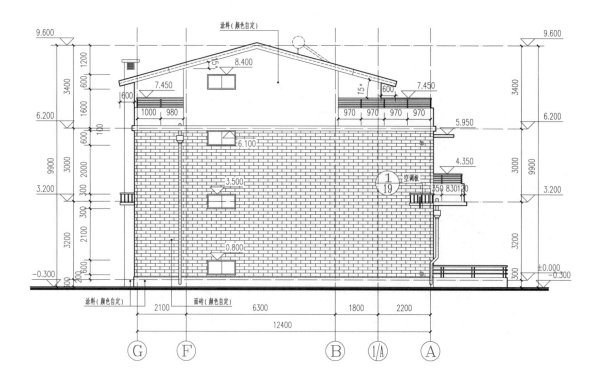

◆ 西立面图

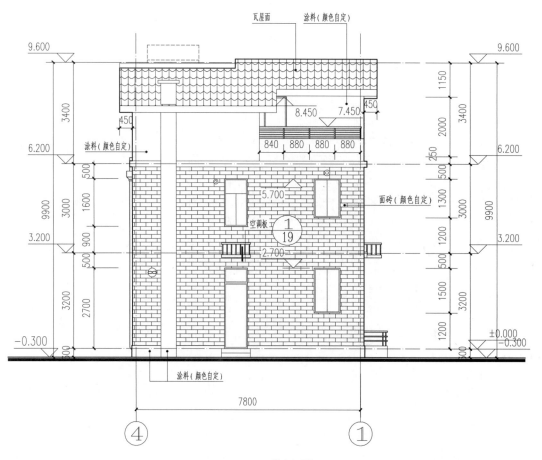

◆ 北立面图

# 案例 29

## 建 筑

本项目为二层砌体结构建筑，总建筑面积174.61m²，占地面积89.66m²。一层建筑面积89.66m²，有客厅、餐厅、厨房、卫生间、储藏室、老人卧室；二层建筑面积84.95m²，有客厅、书房、主卧（带卫生间）、次卧、卫生间。

该别墅为小体量建筑，为了避免造型封闭，开窗较多且大，二层敞开式阳台抵消了该建筑对外界的拒斥感，二层左侧房间选择了与其他部分均不同的白色，且阳台只占二层三分之二的宽度，设计很独特。

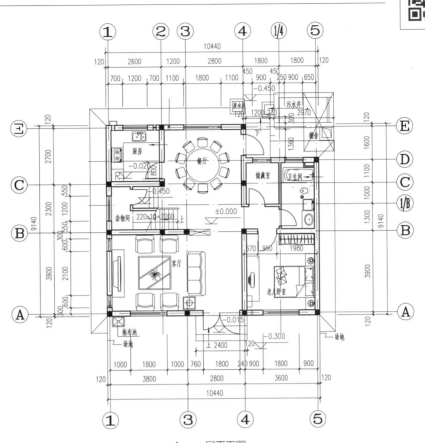

◆ 一层平面图

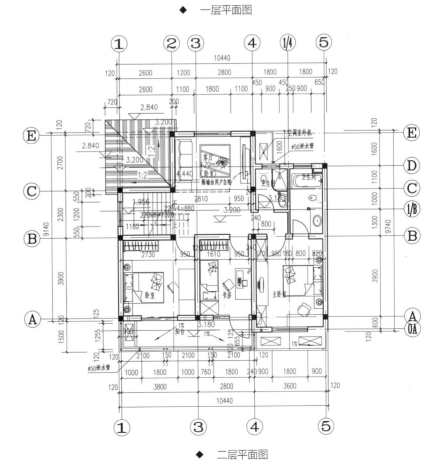

◆ 二层平面图

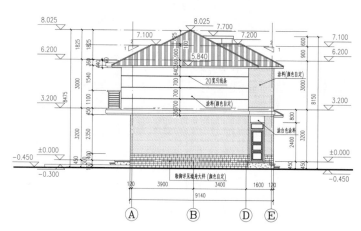

◆ 东立面图

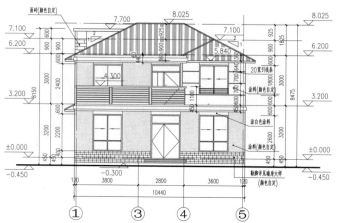

◆ 南立面图

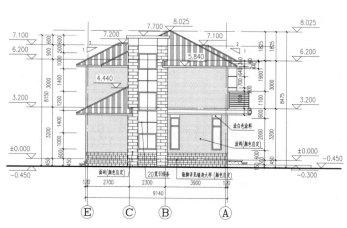

◆ 西立面图

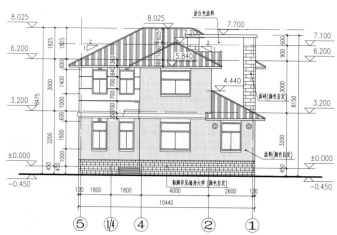

◆ 北立面图

# 案例 30

## 建 筑

　　本项目为二层砌体结构别墅，总建筑面积119.7m²，占地面积75.1m²，建筑高度7.4m。一层建筑面积75.1m²，有客厅、餐厅、厨房、卫生间、杂物间、储藏室、卧室；二层建筑面积44.6m²，有露台、书房、主卧、卫生间。

　　该别墅采用斜屋顶，深蓝色瓦装饰，造型小巧而美，色彩明丽不张扬，与周遭环境相融合，是典型的乡间别墅风格。

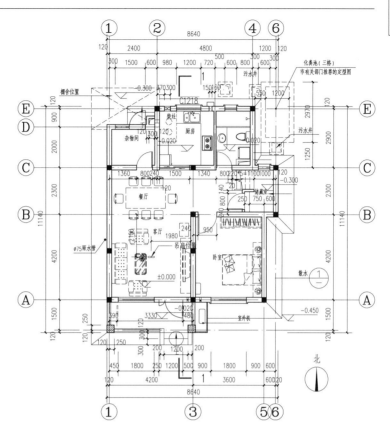

◆ 一层平面图

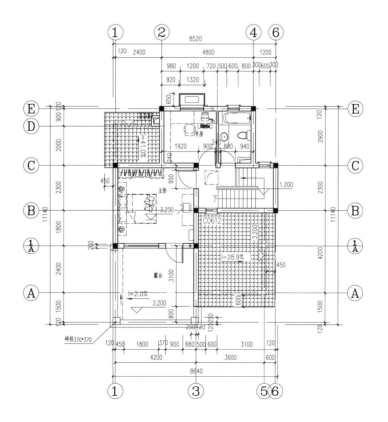

◆ 二层平面图

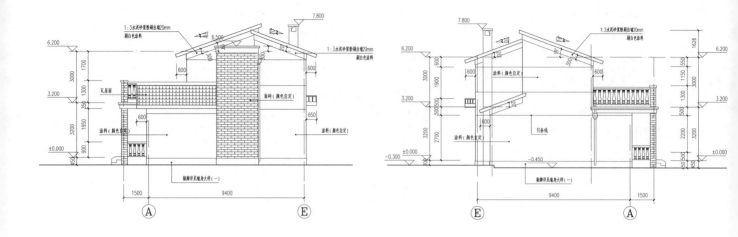

◆  东立面图

◆  西立面图

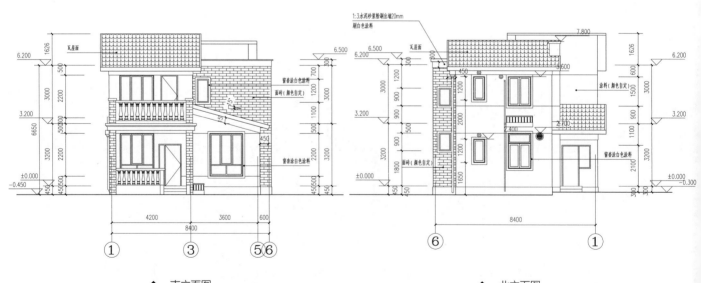

◆  南立面图

◆  北立面图

# 案例 **31**

　　本项目为三层砌体结构别墅，总建筑面积255.0m²，占地面积99.4m²，檐口高度8.1m。一层建筑面积99.4m²，有客厅、餐厅、厨房、贮藏室、老人房；二层建筑面积104m²，有阳台、书房、穿衣间、儿童房、储藏室、两个卧室、两个卫生间；三层建筑面积62.6m²，有卧室、两个露台、卫生间、穿衣间。

　　该别墅采用坡屋顶，整体色调呈灰白色，建筑线条硬朗，平面功能分区明确，立面造型朴素大方，兼具传统与现代之美。

## 建 筑

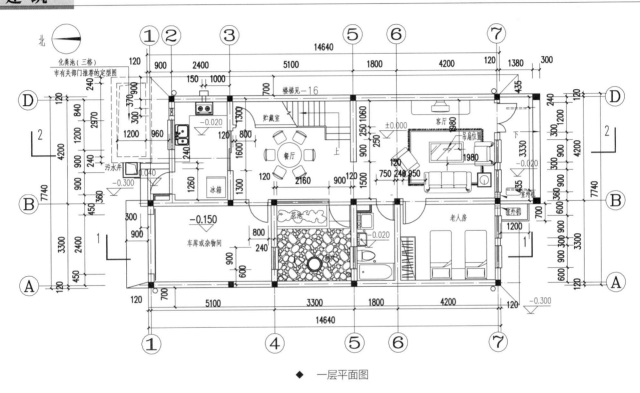

◆ 一层平面图

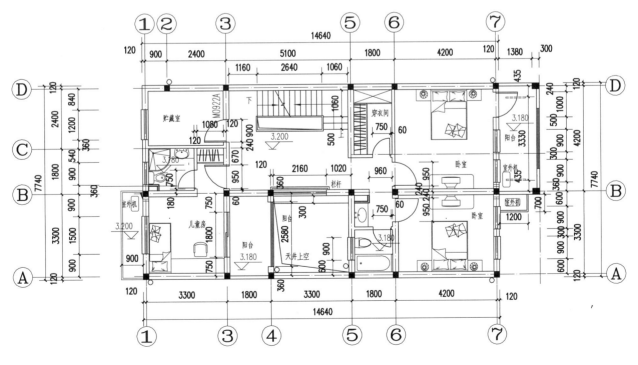

◆ 二层平面图

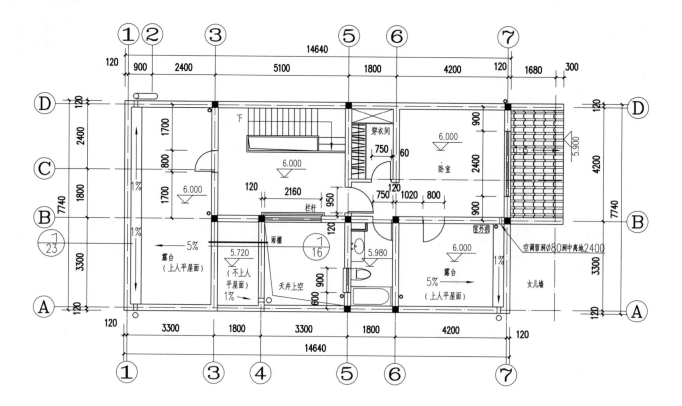

◆ 三层平面图

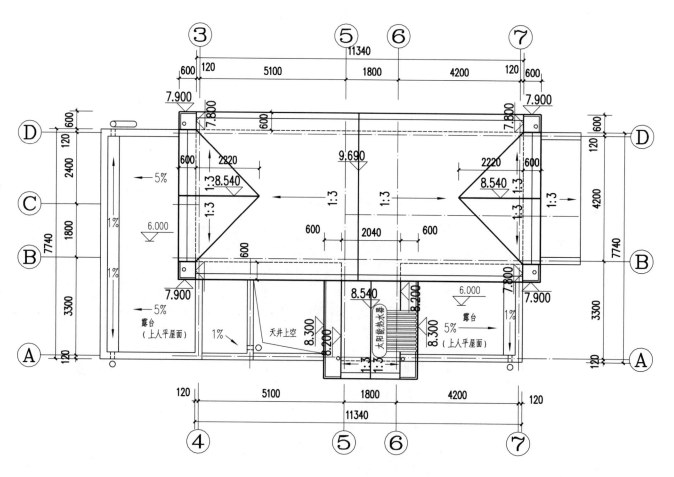

◆ 屋顶平面图

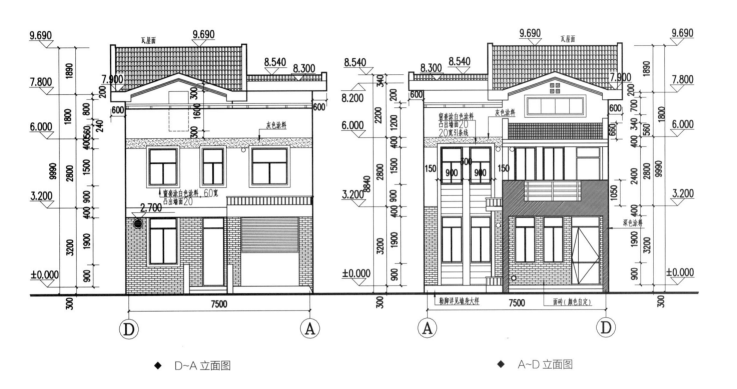

◆ D~A 立面图　　　　　　　　　　　◆ A~D 立面图

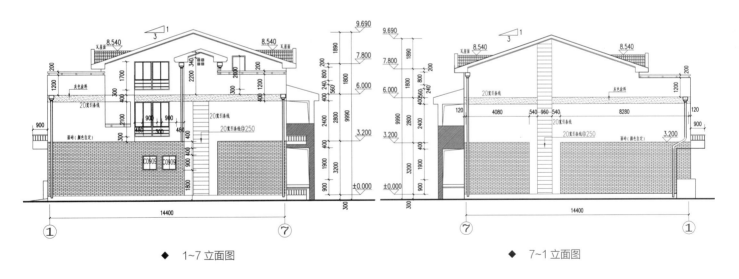

◆ 1~7 立面图　　　　　　　　　　　◆ 7~1 立面图

# 案例 32

本项目为二层砌体结构别墅，总建筑面积185.92m²，占地面积89.96m²。一层建筑面积89.96m²，有客厅、餐厅、厨房、卫生间、杂物间、卧室；二层建筑面积95.96m²，有书房、休息厅、卫生间、三个卧室。

该别墅外观颜色素雅，颇有中式传统乡村建筑特色，且结合现代建筑风格，造型古朴大方又不失时尚。

## 建 筑

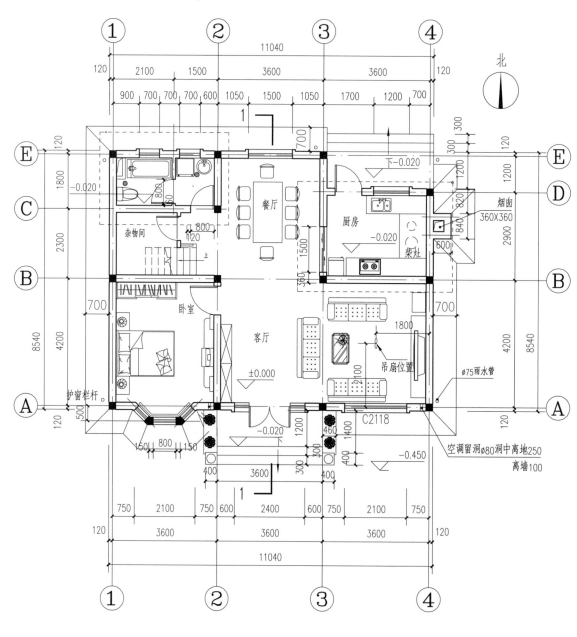

◆ 一层平面图

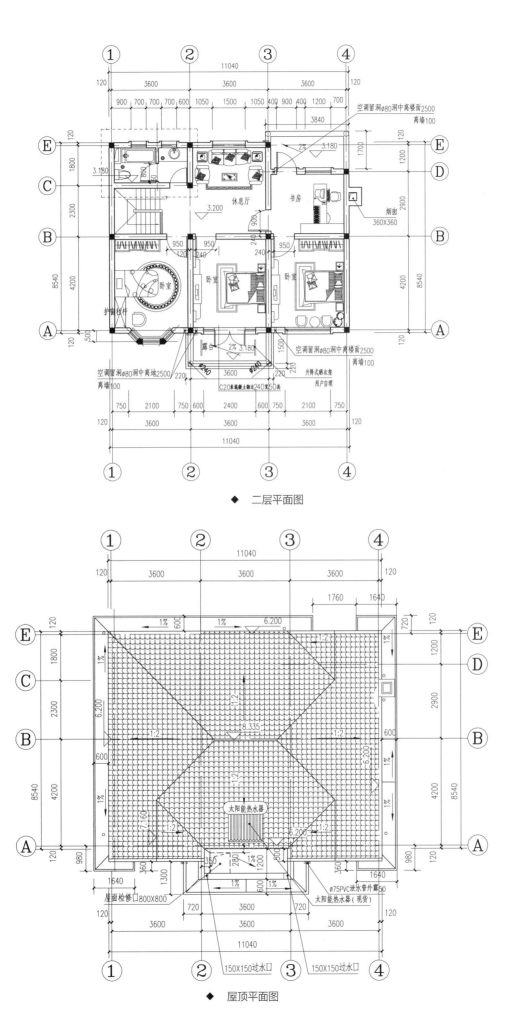

◆ 二层平面图

◆ 屋顶平面图

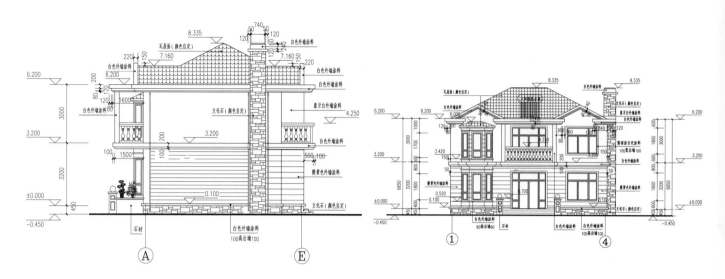

◆ 东立面图

◆ 南立面图

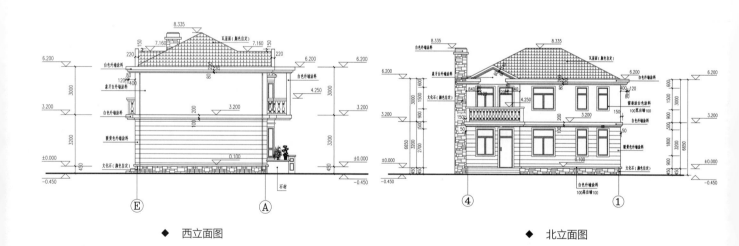

◆ 西立面图

◆ 北立面图

# 案例 33

本项目为二层砖混结构别墅，总建筑面积119.7m²，占地面积75.1m²。一层建筑面积75.1m²，有客厅、餐厅、厨房、卫生间、储藏室、老人房；二层建筑面积44.6m²，有贮衣间、书房、主人房（带露台）、次卧、卫生间。

该别墅为小体量建筑，整体色调时尚，采光通风较佳，造型较少，简洁实用。

## 建 筑

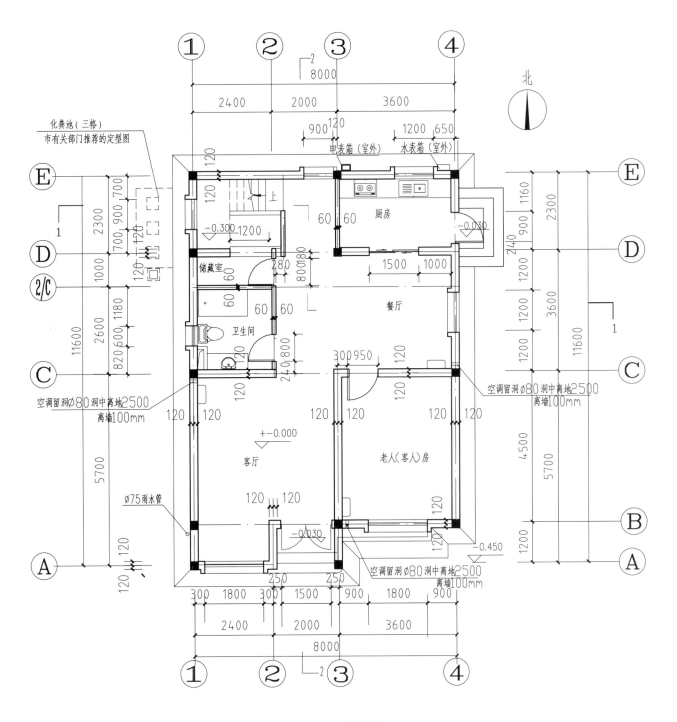

◆ 一层平面图

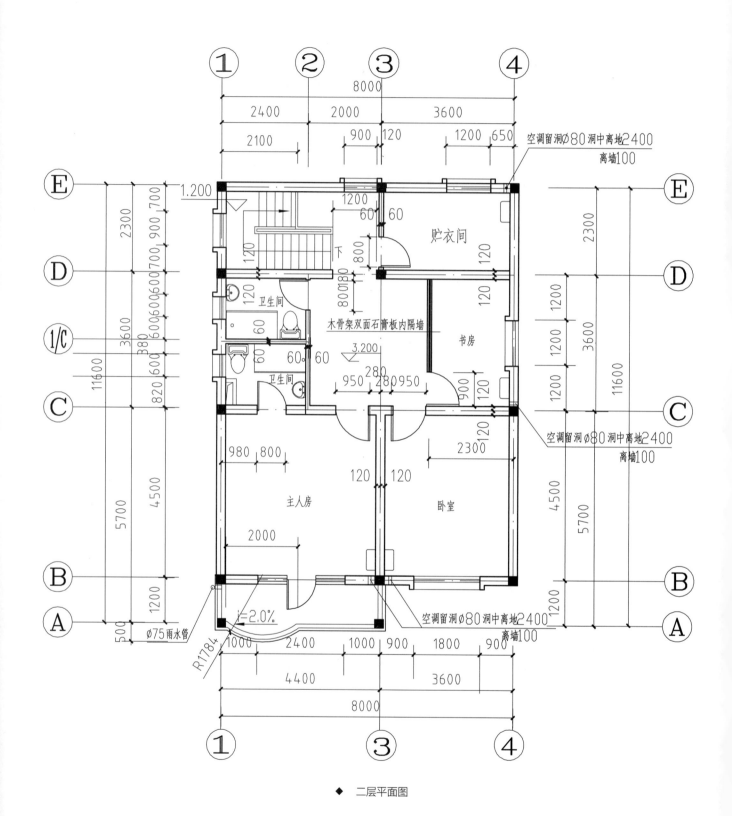

◆ 二层平面图

◆ 东立面图

◆ 南立面图

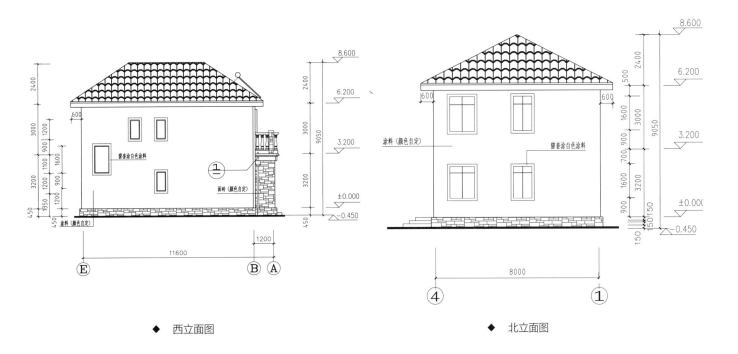

◆ 西立面图

◆ 北立面图

# 案例 34

本项目为二层砌体结构别墅，总建筑面积162.5m²，占地面积88.2m²，建筑高度7.96m。一层建筑面积88.2m²，有客厅、餐厅、厨房、卫生间、杂物间、卧室；二层面积74.3m²，有起居室、晒台、主卧、卫生间、两个次卧。

该别墅采用斜屋顶，棕色瓦装饰，建筑风格简洁大方，不仅注重居室的实用性，而且还体现了现代社会生活的精致与个性。

## 建 筑

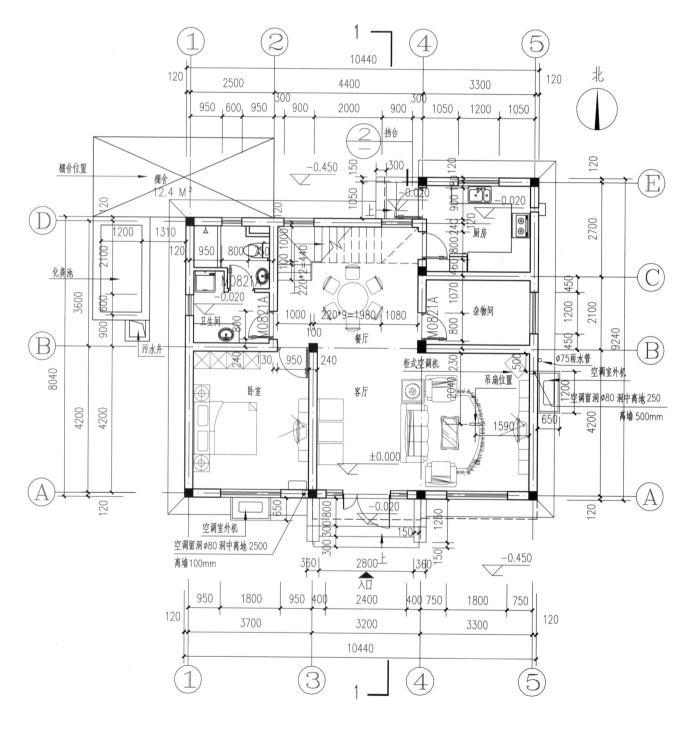

◆ 一层平面图

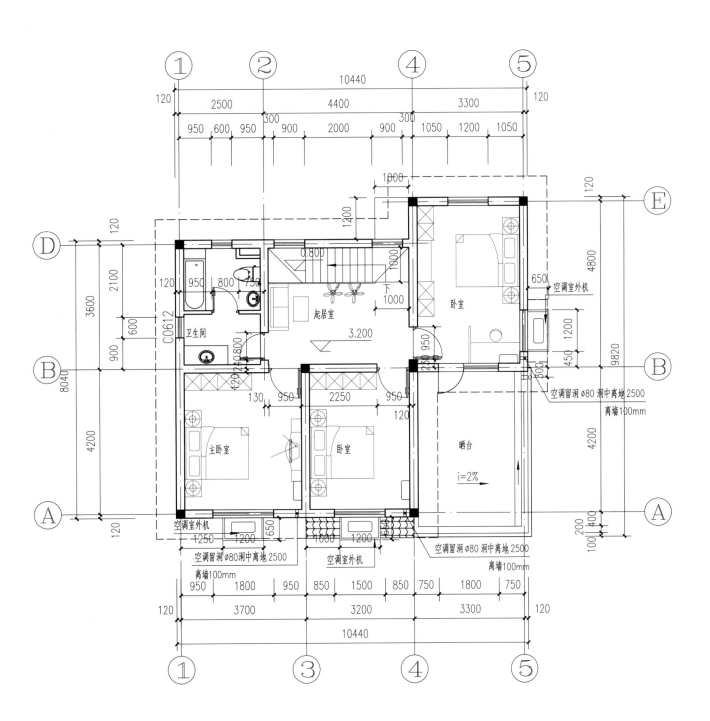

◆ 二层平面图

# 案例 35

## 建 筑

本项目为二层砌体结构别墅，总建筑面积178.2m²，占地面积89.1m²，建筑高度8.4m（含坡屋顶）。一层建筑面积89.1m²，有客厅、餐厅、厨房、卫生间、卧室、两个杂物间；二层建筑面积89.1m²，有客厅、书房、主卧（带卫生间）、卫生间、次卧。

该别墅采用坡屋顶，浅棕色瓦装饰，墙体饰白色间杂木色条状涂料，风格淡雅，适合农村自建房建造。

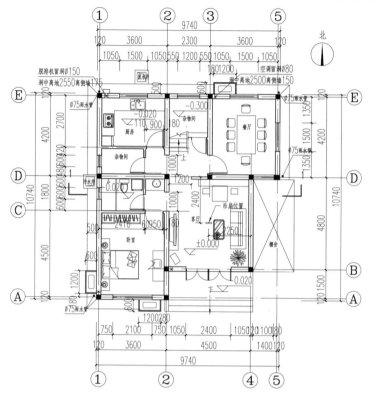

◆ 一层平面图

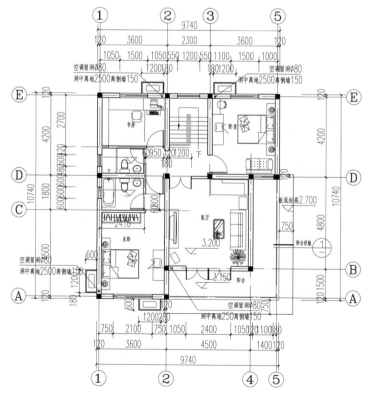

◆ 二层平面图

# 案例 36

　　本项目为二层砌体结构别墅，总建筑面积185.11m²，占地面积76.6m²，建筑高度9.13m。一层建筑面积76.6m²，有起居室、餐厅、厨房、卫生间、储藏室、农具间；二层建筑面积72.57m²，有阳台、主卧、次卧；阁楼层建筑面积35.94m²，自主安排布局。

　　该别墅采用坡屋顶与平屋顶相结合的形式，青灰色瓦装饰，建筑整体颜色为棕黄色，南北通透，开窗较多，易于采光通风。

## 建　筑

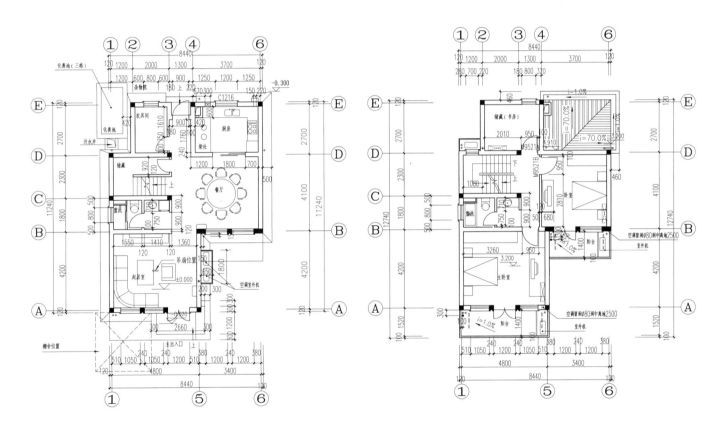

◆　一层平面图　　　　　　　　　　　　　　　◆　二层平面图

# 案例 37

　　本项目为二层砌体结构别墅，总建筑面积204.0m²，占地面积99.2m²，建筑高度7.6m。一层建筑面积88.2m²，有客厅、餐厅、厨房、卫生间、卧室、杂物间、储藏间；二层建筑面积104.8m²，有家庭室、书房、主卧、衣帽间、卫生间、次卧、阳台。

　　本户型美观大方，多窗户设计，通风透气良好，休息娱乐功能齐全。

## 建　筑

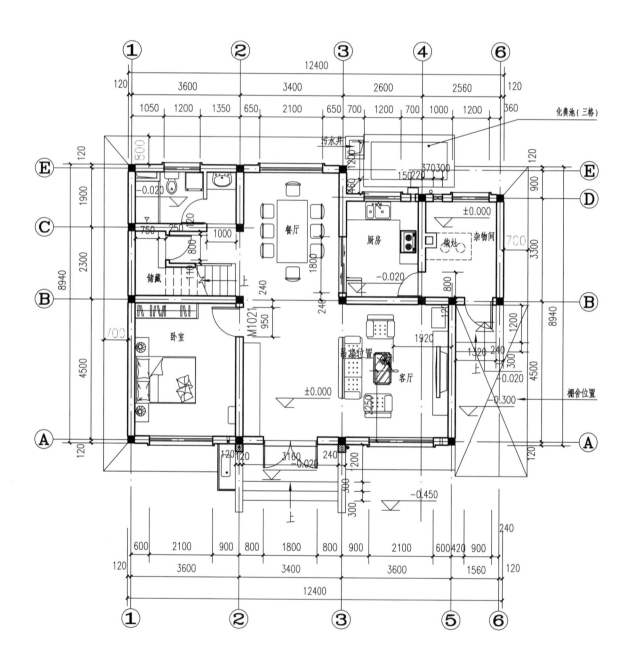

◆　一层平面图

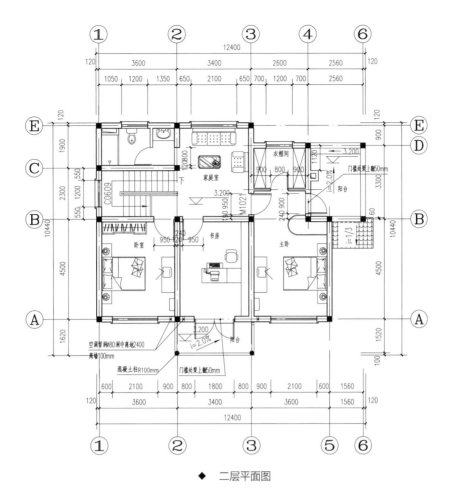

◆ 二层平面图

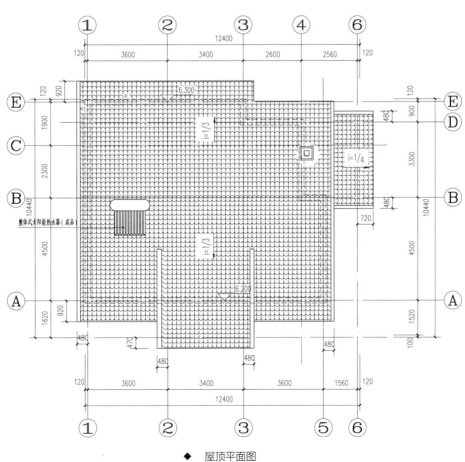

◆ 屋顶平面图

# 案例 38

本项目为三层砌体结构别墅，总建筑面积313.13m²，占地面积112.67m²，檐口高度9m。一层建筑面积112.67m²，有门厅、客厅、餐厅、厨房、老人房、卫生间、车库；二层建筑面积100.23m²，有书房、主卧（带卫生间）、卫生间、阳台、两个次卧。三层建筑面积100.23m²，与二层布局一致。

中式风格在这一设计中很突出，但是并不是简单的堆砌。洁白的墙面，深蓝的屋顶，点缀的木花架，堆叠出简约宁静的生活氛围。

## 建 筑

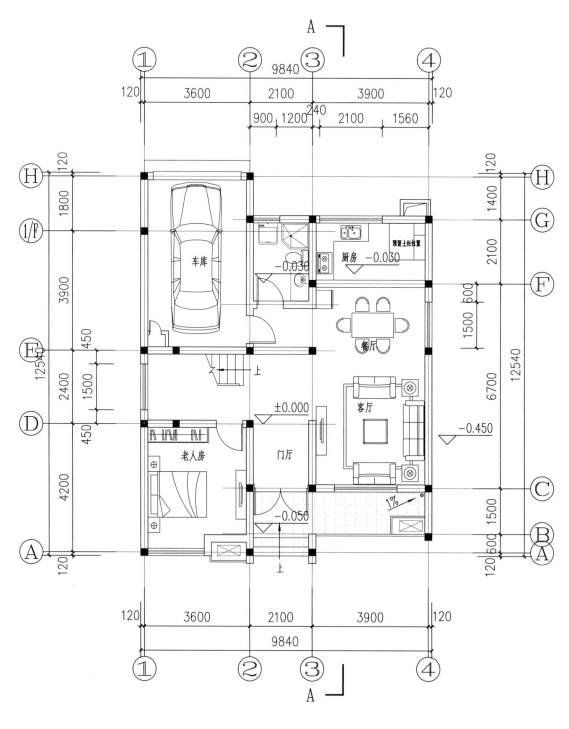

◆ 一层平面图

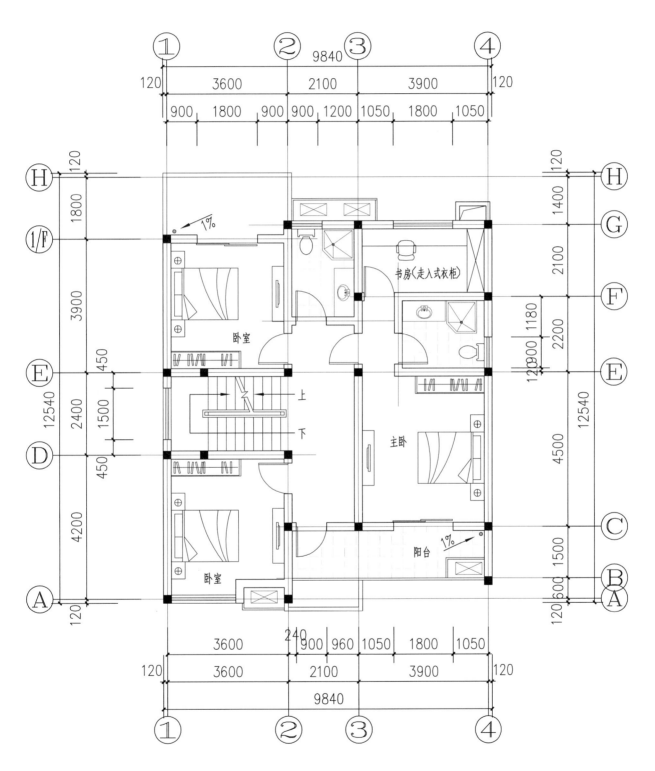

◆ 二层、三层平面图

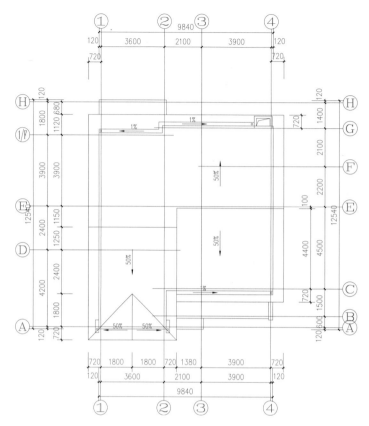

屋顶平面图 1:100

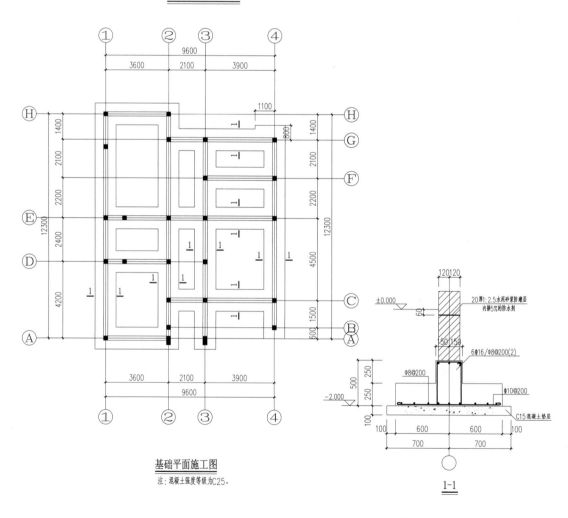

基础平面施工图

注:混凝土强度等级为C25。

1-1